中國：東盟
自由貿易區環境
下會計準則
趨同與發展研究

劉衛 著

財經錢線

前　言

　　自 2010 年 1 月 1 日中國-東盟自由貿易區（China-ASEAN Free Trade Area，縮寫 CAFTA）建設正式全面啓動以來，中國與東盟搭建起了雙邊領導人會議、中國-東盟商務理事會、中國-東盟論壇等自貿區的組織構架，制定了貨物貿易自由化、服務貿易自由化、投資便利化和自由化等一系列重要的綱領性文件，有效推動了雙邊的經貿發展。2015 年 11 月 22 日，《中華人民共和國與東南亞國家聯盟關於修訂〈中國-東盟全面經濟合作框架協議〉及項下部分協議的議定書》由中國與東盟十國正式簽署[1]，這標誌著中國-東盟自由貿易區進入升級版建設階段。中國-東盟自由貿易區的建設取得了巨大成就，也仍然面臨諸多問題。要不斷促進雙邊互聯互通，推動雙方經濟、貿易、金融共同發展，進而推動雙方在政治、教育和文化等方面友好合作，打造真正的命運共同體，建成睦鄰友好、互利合作的典範，促進本地區乃至全世界和平、穩定與繁榮，就必須解決好利益均衡及協調、機構和機制、協議的完善與執行等問題，也包括中國-東盟自由貿易區會計準則的趨同問題。

---

[1] 陳恒. 自貿區有了升級版——商務部國際司負責人解讀中國-東盟自貿區升級《議定書》[N]. 光明日報，2015-11-23：08.

筆者在撰寫本專著的過程中得到了李家瑗教授、梁儒謙教授、陸建英教授、李保嬋副教授、吳清副教授以及滕志朋教授和馬來西亞黃家德老師（Finance and accounting touer，Averis Sdn Bhd）的指導和幫助，在此對他們表示衷心的感謝，也非常感謝對專著的撰寫提出寶貴意見和建議的各位朋友。由於作者的學識水準有限，本書在結構和內容上難免存在不足之處，懇請讀者批評指正。

作者

目　錄

第一章　導論 / 1

第一節　研究背景和意義 / 1
一、研究背景 / 1
二、研究意義 / 4

第二節　研究綜述 / 5
一、國外研究現狀 / 5
二、國內研究現狀 / 6

第三節　研究的主要內容及研究思路 / 12
一、研究的主要內容 / 12
二、研究思路 / 14

第四節　研究方法 / 15
一、文獻研究法 / 15
二、調查研究法 / 15
三、比較分析法 / 15
四、經驗總結法 / 16

第五節　創新之處 / 16

一、選題具有獨特的角度 / 16

二、研究思路新穎，路徑獨特 / 16

三、研究內容有科學的經緯度 / 17

第二章　中國-東盟自由貿易區概況 / 19

第一節　中國-東盟自由貿易區的發展進程 / 19

一、東盟的發展進程 / 19

二、東盟自由貿易區的發展進程 / 20

三、中國-東盟自由貿易區建設進程 / 22

第二節　中國-東盟自由貿易區合作的協議框架 / 23

第三節　中國-東盟自由貿易區合作的組織架構 / 25

第四節　中國-東盟自由貿易區所面臨的問題 / 27

一、利益均衡及協調問題 / 27

二、主權和主導權問題 / 27

三、機構和機制問題 / 28

四、協議的完善與執行 / 28

第三章　會計環境對中國-東盟自由貿易區會計準則趨同與發展的影響分析 / 30

第一節　政治環境對中國-東盟自由貿易區會計準則趨同與發展的影響分析 / 31

一、中國-東盟自由貿易區主要國家的政治環境 / 32

二、政治環境對中國-東盟自由貿易區會計準則趨同與發展的影響分析／34

第二節　經濟環境對中國-東盟自由貿易區會計準則趨同與發展的影響分析／36

　　一、中國-東盟自由貿易區主要國家的經濟環境／36

　　二、經濟環境對中國-東盟自由貿易區會計準則趨同與發展的影響分析／39

第三節　法律環境對中國-東盟自由貿易區會計準則趨同與發展的影響分析／41

　　一、中國-東盟自由貿易區主要國家的法律環境／41

　　二、法律環境對中國-東盟自由貿易區會計準則趨同與發展的影響分析／44

第四節　文化環境對中國-東盟自由貿易區會計準則趨同與發展的影響分析／45

　　一、中國-東盟自由貿易區主要國家的文化環境／45

　　二、文化環境對中國-東盟自由貿易區會計準則趨同與發展的影響分析／48

第四章　中國-東盟自由貿易區環境下主要國家會計準則的比較研究／50

第一節　中國-東盟自由貿易區主要國家會計準則制定模式的比較／50

　　一、會計準則制定機構及其人員的比較／51

二、會計準則的制定程序的比較／55

三、啟示／58

第二節 中國-東盟自由貿易區主要國家財務報告概念框架的比較／61

一、財務報告概念框架地位的比較／62

二、財務報告概念框架內容的比較／62

三、啟示／67

第三節 中國-東盟自由貿易區主要國家會計核算程序的比較／71

一、中國-東盟自由貿易區主要國家會計確認的比較／71

二、中國-東盟自由貿易區主要國家會計計量的比較／86

三、中國-東盟自由貿易區主要國家會計報告的比較／99

第四節 中國-東盟自由貿易區主要國家會計準則的比較／113

一、中國與越南會計準則的比較／113

二、中國與泰國會計準則的比較／116

三、中國與馬來西亞會計準則的比較／122

四、中國與新加坡會計準則的比較／129

第五章 中國-東盟自由貿易區環境下會計準則趨同和發展的障礙及對策／131

第一節 中國-東盟自由貿易區主要國家會計準則與IAS/IFRS比較分析／131

一、中國-東盟自由貿易區主要國家會計準則與

　IAS/IFRS 總體比較分析／131

二、中國-東盟自由貿易區主要國家會計準則與

　IAS/IFRS 具體比較分析／139

第二節　中國-東盟自由貿易區會計準則趨同與發展的

　　　　障礙／144

一、會計準則國際趨同與發展的障礙／144

二、中國-東盟自由貿易區會計準則趨同與發展的

　障礙／148

第三節　中國-東盟自由貿易區會計準則趨同與發展的

　　　　對策／151

一、中國-東盟自由貿易區會計準則趨同與發展的可能性

　和層次性／151

二、建立 IFRS 認可的機制，提升中國-東盟自由貿易區

　在 IFRS 制定中的地位／154

三、建立權威的區域會計組織，推動區域會計的合作

　與發展／156

四、優化區域會計環境，加強區域間的溝通與合作／157

第六章　「一帶一路」倡議與中國-東盟自由

　　　　貿易區會計準則趨同和發展／159

第一節　「一帶一路」倡議的概況／159

一、「一帶一路」倡議的由來／159

二、「一帶一路」倡議的沿線國家及線路 / 160

第二節　中國-東盟自由貿易區在「一帶一路」中的特殊地位 / 162

一、中國-東盟自由貿易區在地域上是「一帶一路」的先遣站 / 162

二、中國-東盟自由貿易區在政治上是「一帶一路」的定盤星 / 163

三、中國-東盟自由貿易區在經濟上是「一帶一路」的壓艙石 / 163

四、中國-東盟自由貿易區在建設內容上與「一帶一路」一以貫之 / 164

第三節　「一帶一路」對中國-東盟自由貿易區的意義 / 164

一、「一帶一路」倡議為中國-東盟自由貿易區搭建了更好的平臺 / 164

二、「一帶一路」倡議進一步推動中國-東盟自由貿易區陸海對接 / 165

三、「一帶一路」倡議促進中國-東盟自由貿易區貿易結構的優化升級 / 166

第四節　「一帶一路」視閾下中國-東盟自由貿易區會計準則趨同和發展的展望 / 166

一、「一帶一路」帶給會計行業發展巨大潛力 / 166

二、「一帶一路」帶給會計準則趨同和行業發展巨大
挑戰／167

三、中國-東盟自由貿易區為「一帶一路」會計準則的
趨同提供借鑑經驗／168

四、中國應抓住「一帶一路」機遇，推動會計國際化
發展／168

結語／171

參考文獻／173

第一章　導論

第一節　研究背景和意義

一、研究背景

（一）經濟全球一體化要求各成員國經濟運行規則相協調

經濟全球一體化是二戰以來世界經濟發展的重要潮流之一，並且正在對世界經濟產生深遠的影響。「全球性經濟造成了國家的政治機構及國家的經濟控制政策與必須控制的國家經濟力量之間的根本性分離。全球性經濟創造了一個不再是由國家經濟政策主導經濟力量的世界，而是一個由超越國際的地緣經濟力量主導國際經濟政策的世界。國際化的發展使得國家政府失去了許多傳統的經濟控制手段」① 當今世界，儘管各國的基本經濟制度各有特色，但要融入全球經濟，就必須建立現代市場經濟運行的共同規則，各國的主要經濟法律、法規、政策必須不斷向國際通行規則靠攏、接軌，以實現國內市場與國際市場的對接。為了使本國的經濟活動走向市場化和國際化，各國就要通

---

① 瑟羅. 資本主義的未來 [M]. 北京：中國社會科學出版社，1998：123-124.

過國際組織，協調彼此的「游戲規則」，規範和引導相互間的經濟交往。對於傳統的國家會計準則來說，將面臨一系列的挑戰，這就要求傳統國家會計準則通過改變來適應全球性經濟的發展。從區域經濟一體化的形成過程和發展趨勢來看，自由貿易區不僅是它最原始的形式，也是區域經濟一體化的集中表現。尤其是20世紀90年代之後，全球規模的區域性自由貿易區正在逐步形成，它不僅表現為由政府倡導、組織、實施的程序化和制度化的過程，而且是政府參與區域經濟合作不斷協調博弈的結果。因此，區域經濟一體化進程中的政府經濟活動及其制度協調研究，客觀上構成了國際經濟不斷發展的現實需要。

(二) 區域經濟一體化的要求

1819年至1843年，普魯士與周邊國家建立關稅同盟，區域經濟一體化問世。但受當時經濟發展水準所限，每個國家之間的經濟依賴程度偏低，貿易及其他方面的經濟往來並不發達，創建區域經濟一體化組織的現象不常見。區域經濟一體化在二戰結束以後得到了高速的發展，並且經歷了兩次高潮。第一次出現於二戰後至20世紀80年代之前，特別是以20世紀五六十年代為主。在這次高潮中，產生了經濟互助委員會和歐洲共同體兩個頗有影響的區域性國際經濟合作組織。第二次出現於20世紀80年代後，無論是發達國家還是發展中國家都捲入了這一浪潮。1980年的太平洋經濟合作會議、1983年的中非國家經濟共同體、1988年的美加自由貿易協定、1989年的亞太經濟合作組織、1991年的南錐體共同市場、1992年的北美自由貿易協定、2002年中國與東盟國家的全面經濟合作框架協議等，就是這一時期的產物。伴隨著區域經濟一體化浪潮，於2002年11月正式啟動的中國-東盟自由貿易區，是中國在區域經濟一體化進程中組建的第一個自由貿易區，也是一個世界人口最多、最有發展潛力和活力，並且是由發展中國家組成的最大的自由貿易

區。它不僅對中國具有重要的戰略意義，而且對東盟乃至整個區域經濟一體化和世界經濟發展都將產生深遠的影響。當前中國-東盟自由貿易區正處於初創階段，各項制度（包括會計準則）尚不健全、不完善，相互競爭甚至衝突的現象還是普遍存在的。因此，中國-東盟自由貿易區會計準則趨同和發展研究，不僅是對區域經濟一體化理論和國際會計準則研究的拓展，而且是中國-東盟自由貿易區建設的重要內容和要求，對於實現中國自由貿易區戰略和推進中國-東盟自由貿易區建設進程，以及對正在建設或擬建中的其他自由貿易區都具有重要意義。

（三）會計國際化的必然需求

由於國際經濟的不斷發展，特別是全球經濟的快速發展，各國會計標準差異給全球資本流動帶來越來越嚴重的障礙。排除這一障礙成為各國的共識，因此，各國都在努力在制定會計準則、會計政策、處理會計事務的過程中逐步採用國際通用的會計慣例，減少本國的會計準則、會計政策與國際慣例的差異，使本國的會計信息與其他國家的會計信息具有可比的基礎，從而達到國際會計行為的溝通和協調，會計信息的規範和統一，提高會計信息質量，增強會計信息透明度的目的。CAFAT 會計準則趨同與發展研究，構建區域經濟一體化下會計準則協調的機制，促進區域會計準則的趨同與發展，也是會計國際化的其中一部分。

本書立足於國際會計準則趨同的大背景，探究在中國-東盟自由貿易區環境下，中國與東盟主要國家會計準則方面的差異，以尋求各國的會計合作與發展的領域及有效推動中國-東盟各國在這些會計合作與發展領域的策略。

二、研究意義

（一）有利於降低會計服務成本和提高會計服務質量

不同會計標準下，會計信息的差異程度巨大，為了滿足會計信息使用者的需求，必須對會計信息進行轉換，在會計信息轉換的過程中，必然存在轉換成本，而跨國的會計信息轉換成本更大大提高了各國跨國交易的成本。由於各國的會計環境存在較大的差異，轉換後的會計信息需要被進一步的理解和掌握，才能做出決策，這就降低了跨國企業的管理效率，削弱了跨國企業的競爭力。本書就是研究在中國-東盟自由貿易區環境下，應如何通過協調和趨同形成相對統一的區域會計準則體系，這有助於促進中國和東盟各國的會計準則與國際會計準則相協調乃至趨同，更有助於降低會計服務成本且提高會計服務的質量，從而改善中國-東盟自由貿易區會計服務的區域環境。

（二）有助於提高會計信息的可比性

伴隨著中國-東盟自由貿易區各國在貿易、投資領域的合作越來越頻繁，會計在這一過程中起到了越來越重要的作用。在貿易領域，各國之間主要是進行商品和服務貿易，產品成本成了佔領市場份額的主要影響因素。如果交易各方的會計規範不同，計算出來的產品成本也會有所不同，就會給交易各方造成不便，甚至有可能損害到各方的利益。在投融資領域，會計信息是最重要的決策依據。投資項目中，投資方有瞭解被投資方的財務狀況和盈利能力的需求；籌資項目中，債權方需要瞭解債務方的償債能力。如果交易各方的會計規範不同，則會對會計信息使用者的決策產生分歧或誤導，阻礙交易的順利進行。中國-東盟自由貿易區環境下會計準則的趨同與發展，有利於提高區域間會計信息的可比性和會計信息質量，以達到惠及信息使用者的目的。

（三）有利於中國企業融入東盟會計服務市場，積極參與國際競爭

中國-東盟自由貿易區的建立，促進了成員國和東盟地區的經濟發展。企業都有投資、融資、資本營運的會計管理需求。會計作為一門國際的商業語言，是中國與東盟各國企業之間交流合作的一座橋樑，也是東盟各國在會計諮詢、培訓、審計、驗資、核資等會計服務的工具。中國-東盟自由貿易區環境下會計準則的趨同，為中國企業實施「招商引資」及進入東盟資本市場所提供會計服務的支持；也為中國企業更快更好地融入東盟資本市場，進而參與國際競爭提供便利。

（四）有利於完善會計比較理論體系

當前的會計理論研究較側重於英美等國，對於東盟各國的會計比較研究較鮮見。東盟的資本市場有許多與會計準則相關的亟待討論及解決的實際問題和理論探討。對這些問題的深入研究，不但有助於我們對中國-東盟會計準則的現狀有深刻的認識，而且還有助於促進中國與東盟各國財經類院校的學術交流和合作，為東盟各國培養國際化會計人才提供很好的平臺。因此，本書有助於會計準則的國際趨同和會計比較理論體系的完善。

第二節　研究綜述

一、國外研究現狀

（一）關於國際會計協調的定義

關於國際會計協調的定義，有以下幾種觀點：Arpan & Radebaugh（1992）認為國際會計協調是從準則和實務中著手，

分別調節不同規定或處理方式，以達到各方認可、較為統一的制度標準和處理慣例的一種行為；Doupnik & Salter（1993）則相信國際會計協調就是為了縮減不同國家或地區在實務中運用不同會計處理而出現的差異而存在的；Choi, Frost & Meek（1999）提出，國際會計準則的出現就是貫徹國際會計趨同化理念的產物，通過實行國際會計協調，降低同一業務不同會計處理會出現的差異性，增加財務數據的可對比程度。Nobes & Parker（2000）、Saudagaran（2001）均認為合理的會計協調能對各國的會計制度發展起到良好的引導作用，並最終實現財務信息的統一與可比。喬伊和繆勒（1991）認為，要做到國際的會計趨同，實質要完成兩個方面的目標：其一，要探討各國會計準則的異同點，對於差異部分應該尋求一個合理的調節方向以增強不同地區的會計信息的可對比程度；其二，必須建立各方均認可的一套標準化體系，統一的會計準則將是引導各方實現國際會計協調化的關鍵。

（二）關於國際會計趨同的綜述

繆爾斯和派（Samuels and Piper, 1985）理性地描述了國際會計準則不斷協調進而達到趨同甚至統一的發展過程，即會計準則的發展是一個由弱變強的過程，特性是比較—協調—標準化—統一性。

二、國內研究現狀

（一）關於中國-東盟自由貿易區的建立背景及意義的綜述

王士錄（2002）、樊瑩（2002）、王勤（2004）、許寧寧（2005）、李榮林（2007）認為，隨著區域經濟一體化概念的推廣以及經濟全球化理念的進一步實踐，中國-東盟自由貿易區應運而生。它是以全球貿易自由化的迅速興起和中國加入世界貿易組織的影響為背景，是東盟國家調整國內經濟結構、重塑國

際競爭力、克服其經濟的脆弱性和分享中國經濟發展成果的結果，是中國與東盟貿易投資及經濟合作的迅速發展和東盟自由貿易區日趨成熟的結果，同樣也是符合中國利益的相互間共同選擇的結果。張蘊嶺（2002）、盧文鵬（2002）認為，中國－東盟自由貿易區的建立，其特殊的政治經濟學含義在於建立了一種自由貿易區形式的區域分工協作機制。彭雲（2002）的觀點認為，該貿易區的積極作用不僅僅局限於經濟方面，除了能通過推動內部貿易的發展來激活市場潛力，尋找新的經濟增長點，還能達到促進中國與東盟各國間的政治穩定效果。李榮林（2005）認為建立起這個自由貿易區將會構造一個促進東亞地區貿易往來的便捷通道，營造更積極的內部化發展氛圍來鼓勵共同投資。為了能更好地抓住發展的機遇，中國－東盟自由貿易區必須要進一步整合東亞區域經濟，以有效降低由過多的重疊優惠貿易安排所帶來的貿易轉移效應及調整成本、行政成本。

（二）關於國際會計協調的定義

關於國際會計協調的定義，國內有以下幾種觀點：夏東林（1989）認為，各國在不同的會計標準下可能會對會計記錄、計量方式等方面做出不同的判斷，而國際會計協調正好能在考慮當前通行的國際會計標準指導的情況下，促進各方在會計實務上達成一定的共識。常勛（1990）則提供了國際會計進一步協調化的思路。他認為想要達到協調不同地區的會計實務統一的目標，應該要制訂相對統一且合理的會計準則或指導文件，借此來推動各國在財務理論與會計實踐中愈加統一和可比的發展，而推動國際會計協調化的關鍵就是要建立各方認可的專業會計機構進行組織。

（三）關於國際會計趨同

中國學者對於國際會計趨同有以下幾種觀點：常勛（2005）認為，「趨同化」可理解成會計準則邁進「統一性」的接近程

度，通常用來描述各國通用會計準則的制定和執行日漸趨向統一，以實現最終的目標。蓋地（2001）曾對國內外會計準則做出分析，指出中國會計準則經過這些年的變化，已經逐漸與國際準則接軌，在重大實務方面已經實現了一致，而其餘的準則小差異也是引發思考與討論的要點。蓋地、劉慧鳳（2004）認為，要實現國際會計準則協調化，就必須吸取各國準則的精華之處，綜合考慮在不同地區間的實務適用性，以此來確定一套各國認可的會計標杆準則。萬繼峰、李靜（2004）指出，在現實的會計準則協調中，很難一步到位實現各國完全一致化，較為理想的成果是各地區準則能做到大方向上一致，小細節中存在合理的差異。陳毓圭（2005）與曲曉輝（2005）都對未來的變化充滿信心，他們認為會計準則的趨同化是發展的必然事件，當前存在一定的差異是合理的，隨著時間的推移，差異的部分會逐漸縮小，甚至最終被消滅，準則能達到相對完全的一致化程度，經濟全球化是推動該項變化的最重要因素之一。汪祥耀、駱銘民（2004）認為會計準則國際趨同的必然性、可行性，在分析各國會計準則趨同化的基礎上，通過概述並比較現階段中國會計準則與國際準則之間的主要差異，並為進一步縮小差異、實現中國會計準則與國際會計準則趨同提出了深刻的見解。

（四）關於中國-東盟區域會計協調

蔣峻松、盧漪（2009）認為中國和東盟各國進行會計準則協調化變動具備可行性。實務方面，隨著中國和東盟各國的經濟交流不斷增強，市場投資持續擴大，現實中的頻繁往來推動著國際會計協調化發展。理論方面，無論是從中國與東盟各國正處於會計制度改革不斷整合變動的階段進行考慮，還是從它們在意識形態上希望與國際準則接軌和趨同的情況進行分析，都充分表明了目前正是各國會計準則進行協調變動的最佳時機。梁淑紅（2004）分析，由於全球化經濟進一步深化，不同地區

之間的貿易與投資往來愈加頻繁，中國與東盟各國之間進行會計協調將會帶來很大的益處。縮小中國與東盟各國間實務上的會計處理差異，能夠有效的促進各方金融市場的和諧與統一，能夠使得雙方在財務信息方面更具有準確性和可比性，明顯提升合作效率，降低協調成本，從根本上推動各方經濟深化發展。她還指出，促進中國-東盟自貿區內的會計協調，較為高效的做法應該是以國際準則作為標杆，各國通過在不斷調整中逐步與國際準則趨同，以「殊途同歸」的方式達到國際會計協調的目標。

（五）關於中國-東盟自由貿易區各國會計準則的比較研究

1. 中國與越南會計準則的比較

張臻（2009）認為中國與越南的會計準則和會計核算方法既有不少相同之處，也存在著明顯的差異。在收入核算方面，兩國對收入的確認條件和計量原則基本相同，但對收入範圍的界定、具體業務的計量、收入帳戶處理及披露都存在著差異。李莎、池昭梅（2011）認為會計作為一門國際商業語言，在中越兩國貿易自由化方面扮演著重要角色。由於中越兩國會計環境的差異，使得兩國中期財務報告準則在內容、格式、披露要求等方面存在很大不同。雖然中越兩國在制定中期財務報告準則的過程中均不同程度地借鑑了國際會計準則，但越南的準則內容較為詳細、操作性強，而中國準則更側重於指導性。蔣琳玲、黃秋培、黃攀（2012）認為中越兩國在地域上相鄰，都處在中國-東盟自貿區中，在經濟交往上也比其他東盟國家要頻繁得多，隨著兩國投融資活動的增加，對會計信息的可比性、可理解性和會計準則提出了新的要求。因此，促進兩國會計規範的相互認可和趨同具有十分重要的現實意義。

2. 中國與泰國會計準則的比較

池昭梅、龐峰（2011）認為隨著中國-東盟自由貿易區經濟

合作的不斷深入，中國經濟已進入區域化、全球化的新階段。當前租賃方式廣受歡迎，能有效地為企業緩解資金壓力、合理地再分配資源、顯著地提升經濟效益。中泰租賃會計準則在適用範圍、分類、披露以及融資租賃承租人和出租人會計處理都有不同程度的差異。

3. 中國與馬來西亞會計準則的比較

池昭梅（2009）比較了中馬兩國財務報表列報準則的相同點和不同點，認為中國應細化財務報表列報準則，加快與國際會計準則趨同的進程。黃維干、覃紅（2011）認為中國可借鑑馬來西亞的經驗，在會計準則中明確關聯方披露的目的，擴大關聯方的認定範圍，並細化關聯方交易要素的披露要求。柏思萍（2011）以中國《企業會計準則第 8 號——資產減值》與馬來西亞《財務報告準則第 136 號——資產減值》中的資產減值準則為對象，從準則的適用範圍、制定背景、減值跡象的測試、減值損失轉回的觀點、減值損失的處理方法等多方面進行比較。黃蘭（2011）認為，在大部分的傳統企業中，存貨是企業資產中關鍵的組成部分，資產負債表中反應的總資產狀況很容易受到存貨確認、計量方式的影響。黃蘭建議在存貨確認方面，中國與東盟各國應該達成會計準則上基本的共識，至少形成一套不違背大家意願的體系；計量方面，考慮到各國實務中的差異，既要保持合理的趨同化調整，也要滿足當前報表使用者的需要；在信息披露方面，以國際準則作為基準，提高財務報告信息質量。陽春暉（2011）從或有事項的概念、核算範圍、確認、計量和披露等方面，對中國與馬來西亞的會計準則異同點進行了研討，提出了一些切實可行的建議以完善當前中國在或有事項方面的準則，為幫助中國盡快融入國際資本市場提供有利條件。王曉瑩（2011）比較了中國生物資產會計準則與馬來西亞農業會計準則在準則適用範圍、確認與計量、披露要求等方面的差

異，指出差異的根源在於對成本計量確認的方式不同，中國主要是採用歷史成本作為計量基礎，而馬來西亞則傾向於用公允價值計量的方式。王曉瑩（2012）從準則規定的確認與計量方面、列表與披露方面，對中國企業年金與馬來西亞退休福利計劃做了異同點分析，認為中國將來企業年金基金可採用設定提存計劃和設定受益計劃相結合的方式。

4. 中國與新加坡會計準則的比較

羅志忠（2002）通過分析中國與新加坡的會計準則，發現兩國比較相似，也能很大程度上與國際會計準則趨同，但仍然存在一定的國家之間處理方式的差異。蔡曉穎（2005）認為新加坡立志於降低外資企業的協調成本，通過允許投資者採用國際化的準則，使外商企業無須承擔過高的調整成本，提升經營效率。

綜上所述，其實國內已經有不少涉及中國與東盟各國在會計準則方面的協調化的研究了，只是該類研究仍處於初期探索階段，其主要方向是中國與越南、泰國、馬來西亞和新加坡等國家進行對比。本項目仍存在不少的研究空間：首先，如果嘗試把東盟地區視為一個統一的整體進行考慮與探討，則更能順應中國建立「中國-東盟自由貿易區」這一戰略的目標；其次，此前研究中並未做到具體地分析東盟地區會計準則，沒有突出討論差異點，在探討與國際會計準則接軌的具體方式上也較為籠統。最後，沒有涉及應用性方面的研究，在會計理論研究深度的方面也有待提高。

第三節　研究的主要內容及研究思路

一、研究的主要內容

本書將中國-東盟自由貿易區會計準則趨同與發展問題劃分為理論基礎、環境基礎、區域與國際會計趨同和發展四個層次，各部分之間層層深入、相互關聯、相互結合。具體內容包括以下六章：

第一章：導論。本章以課題的研究背景、意義、文獻綜述和研究的主要內容、思路、方法、主要創新點等為主要內容。文獻綜述集中梳理了中國-東盟自由貿易區建立的背景及意義、國際會計協調的定義、國際會計趨同、中國-東盟區域會計協調和中國-東盟自由貿易區各國會計準則的比較研究，並在此基礎上闡述了本書研究的宗旨和目的。

第二章：中國-東盟自由貿易區概況。中國-東盟自由貿易區是中國在區域經濟一體化進程中組建的第一個自由貿易區，瞭解從東盟到東盟自由貿易區再到中國-東盟自由貿易區的發展進程，進一步瞭解中國-東盟自由貿易區的合作進程、組織構架及其所面臨的問題，是研究中國-東盟自由貿易區環境下會計準則趨同的前提和基礎。

第三章：會計環境對中國-東盟自由貿易區會計準則趨同與發展的影響分析。本章對中國、越南、泰國、馬來西亞和新加坡等國的政治、經濟、法律和文化環境進行詳細的分析；探討會計環境對中國-東盟自由貿易區會計準則的趨同與發展積極和消極的影響；得出不同的會計環境造成各國會計準則趨同的意願和步伐不盡相同的結論。

第四章：中國-東盟自由貿易區環境下主要國家會計準則比較。本章為課題的研究重點，主要針對中國-東盟自由貿易區主要國家的會計準則制定模式、財務報告概念框架、會計核算程序、會計準則進行比較，找出中國與東盟主要國家會計準則之間存在的差異，為中國-東盟自由貿易區會計準則的區域趨同進行了具體、翔實的分析。

第五章：中國-東盟自由貿易區環境下會計準則趨同和發展的障礙與對策。在中國-東盟自由貿易區主要國家與 IAS/IFRS 對比的基礎上，首先深入分析中國-東盟自由貿易區會計準則趨同與發展的可能性和層次性；其次在雙邊建立 IFRS 認可的機制上，提升中國-東盟自由貿易區在 IFRS 制定中的地位；再次是要在中國-東盟自由貿易區框架內建立權威的會計組織，推動區域會計的合作與發展；最後是要不斷加強中國與東盟各國之間的經濟貿易和人文交往，使自由貿易區區域會計環境進一步優化和完善。

第六章：「一帶一路」倡議與中國-東盟自由貿易區會計準則趨同和發展。本章介紹了「一帶一路」的由來、沿線國家和線路以及「一帶一路」的合作重點、合作機制；由此延伸出中國-東盟自由貿易區在「一帶一路」中的特殊地位以及「一帶一路」對中國-東盟自由貿易區的意義；提出「一帶一路」帶給會計行業的巨大潛力和挑戰；期待中國-東盟自由貿易區區域會計趨同能帶給「一帶一路」會計準則趨同提供經驗；更希望中國能借助「一帶一路」的機遇，推動會計國際化發展。

二、研究思路

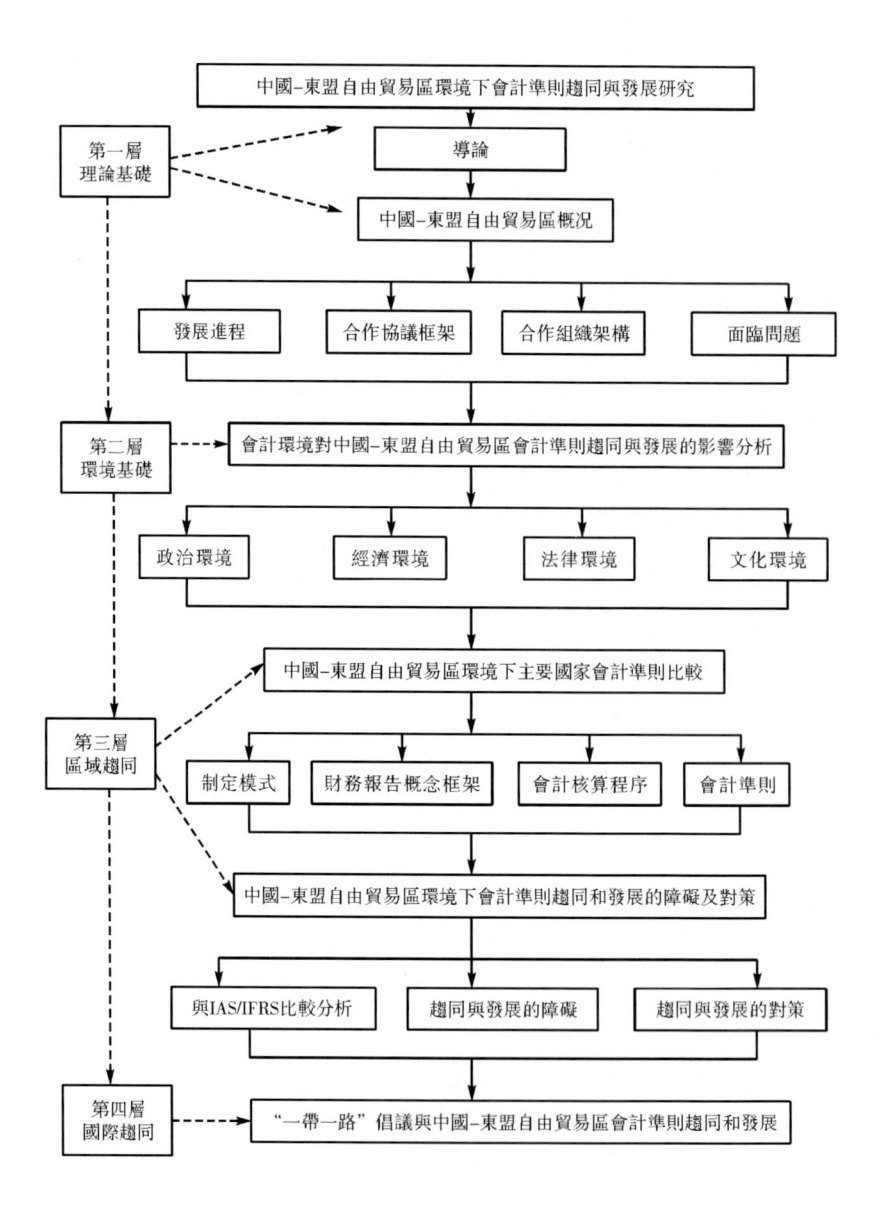

```
                    中國-東盟自由貿易區環境下會計準則趨同與發展研究
                                      │
          ┌───────────────────────────┤
          │                           ▼
    ┌──────────┐                   導論
    │ 第一層    │                      │
    │ 理論基礎  │─────┐                │
    └──────────┘     ▼                ▼
          │      中國-東盟自由貿易區概況
          │           │
          │    ┌──────┼──────┬──────┐
          │    ▼      ▼      ▼      ▼
          │  發展進程 合作協議框架 合作組織架構 面臨問題
          │
    ┌──────────┐
    │ 第二層    │───▶ 會計環境對中國-東盟自由貿易區會計準則趨同與發展的影響分析
    │ 環境基礎  │           │
    └──────────┘    ┌──────┼──────┬──────┐
          │         ▼      ▼      ▼      ▼
          │       政治環境 經濟環境 法律環境 文化環境
          │
          │         中國-東盟自由貿易區環境下主要國家會計準則比較
          │               │
    ┌──────────┐   ┌──────┼──────┬──────┐
    │ 第三層    │──▶│      ▼      ▼      ▼
    │ 區域趨同  │   制定模式 財務報告概念框架 會計核算程序 會計準則
    └──────────┘
          │         中國-東盟自由貿易區環境下會計準則趨同和發展的障礙及對策
          │               │
          │        ┌──────┼──────────┐
          │        ▼      ▼          ▼
          │  與IAS/IFRS比較分析 趨同與發展的障礙 趨同與發展的對策
          │
    ┌──────────┐
    │ 第四層    │───▶ "一帶一路"倡議與中國-東盟自由貿易區會計準則趨同和發展
    │ 國際趨同  │
    └──────────┘
```

第四節 研究方法

一、文獻研究法

根據本書的研究目的,通過搜集、鑑別、整理中國與東盟各國會計準則比較的相關文獻,從而全面地、正確地瞭解中國-東盟自由貿易區各國的政治、經濟、法律和文化環境,獲悉中國-東盟自由貿易區環境下主要東盟國家會計準則的趨同情況。通過參考大量文獻發現其不足以及研究的缺口,作為課題研究的參考依據。

二、調查研究法

本書的目的是研究在中國-東盟自由貿易區環境下會計準則趨同和發展等問題,以實現區域化會計準則趨同,進而實現融入全球經濟一體化下的全球會計準則趨同。課題組成員親自到越南、泰國和馬來西亞考察和學習,深入、細緻瞭解三個國家的會計準則,為課題收集了大量的資料。通過對調查搜集到的資料進行分析、綜合、比較和歸納,總結出東盟自由貿易區各國會計準則與國際會計準則、中國會計準則的異同,為完成課題打下堅實基礎。

三、比較分析法

區域經濟一體化是當今世界的潮流,中國-東盟自由貿易區環境下會計準則趨同不過是區域經濟一體化財稅制度協調的過程。歐盟、北美自由貿易區區域經濟組織會計準則的協調和趨同有著許多可借鑑的經驗和教訓,尤其是東盟自由貿易區內各

國都在為會計準則趨同做出努力，通過比較分析，有助於發現區域經濟一體化下會計準則趨同的路徑和規律，為中國-東盟自由貿易區會計準則趨同和發展提供有益的借鑑。

四、經驗總結法

本書通過對中國-東盟自由貿易區中較早實現與 IAS/IFRS 趨同的馬來西亞、新加坡等國家的具體情況進行比較、歸納與分析，總結推廣他們的先進經驗，為東盟其他國家提供借鑑經驗。適度借鑑歐盟在 IFRS 制定中享有權益的經驗，並結合中國-東盟自由貿易區的實際情況，解決中國-東盟自由貿易區區域會計組織的建立問題以提升在 IFSR 制定中的話語權。

第五節　創新之處

一、選題具有獨特的角度

本書從區域經濟一體化的角度，研究不同會計環境下會計準則趨同和發展問題，旨在通過建立區域會計組織，構建區域會計準則協調機制，有效處理區域經濟利益和關係，推動中國-東盟自由貿易區持續、穩定、健康地發展，實現區域經濟一體化戰略，並為世界其他自由貿易區會計準則趨同建設提供借鑑。也就是說，要從區域經濟一體化和會計準則國際趨同的角度上，對中國-東盟自由貿易區會計準則趨同進行對比分析研究，選題角度獨特，符合中國-東盟自由貿易區建設的客觀要求。

二、研究思路新穎，路徑獨特

本書首先按殖民時期歷史的影響把東盟十國劃分為受英美

殖民影響、受法國殖民影響、受荷蘭殖民影響以及未淪為殖民地的四大板塊；然後，我們再依據東盟國家的經濟發展水準來劃分；最終，我們選取了越南、泰國、馬來西亞、新加坡作為東盟代表性國家來研究。這樣做不僅能化繁為簡，還能增強會計準則比較的條理性。從對東盟各國會計準則的比較研究切入，分層次地進行會計準則區域趨同和國際趨同的研究，思路新穎、路徑獨特，豐富並完善了「比較會計學」的研究。

三、研究內容有科學的經緯度

會計國際趨同是全球經濟一體化的必然要求，而中國-東盟自由貿易區經濟的發展又決定了區域會計趨同必須與國際趨同相吻合。本書以會計準則為經，以中國-東盟自由貿易區為緯，關注自由貿易區建設和會計準則趨同和發展的融合，視會計準則趨同和發展為自由貿易區建設的重要內容和內生因素。我們把會計準則劃分為以下三個層次的趨同：中國-東盟自由貿易區區域趨同、「一帶一路」趨同和國際趨同。各個層次之間循序漸進，相互交合。

本書雖然初步構建了中國-東盟自由貿易區環境下會計準則協調和趨同的框架，但僅是粗淺的認識和分析，而且這一框架在內容上也不完善，特別是沒能將全部東盟各國作為研究對象，只是選取了有代表性的五個國家，使本書的研究存在片面性。在中國-東盟自由貿易區會計準則的趨同和發展的具體分析中，受國際會計準則不斷修訂和中國-東盟自由貿易區內各種會計準則內容多樣性的制約，理論分析不夠全面和深入。此外，中國-東盟自由貿易區會計準則趨同和發展對策和建議的提出，有賴於對中國-東盟自由貿易區各國會計準則的深入研究。或者說，本書雖然認識到了中國-東盟自由貿易區會計準則趨同和發展的分析和研究的重要性，但由於中國-東盟自由貿易區建設仍處於

起步狀態，有關數據或資料難以獲取或不全面。因此，對中國-東盟自由貿易區會計準則趨同和發展的分析有欠缺，這也是後續研究中需要解決的問題。

第二章　中國-東盟自由貿易區概況

第一節　中國-東盟自由貿易區的發展進程

一、東盟的發展進程

東南亞國家聯盟（Association of Southeast Asian Nations - ASEAN，縮寫 ASEAN，以下簡稱東盟）。東盟自 1967 年成立以來，相繼有「6 個東盟老成員國」和「4 個東盟新成員國」加入，分別簽署了包括《東南亞國家聯盟成立宣言》《東盟合作宣言》《東盟特惠貿易安排協定》等一系列文件，使東盟成為東南亞地區以政治、經濟、安全為一體的合作組織。東盟的發展進程如表 2-1 所示。

表 2-1　　　　　　　　東盟的發展進程

時間	具體內容
1961 年 7 月	在泰國曼谷，泰國、馬來西亞和菲律賓成立了東南亞國家聯盟的前身「東南亞聯盟」

表2-1(續)

時間	具體內容
1967年8月	(1) 在泰國曼谷，馬來西亞副總理和新加坡、印度尼西亞、泰國、菲律賓四國外長共同簽署了《東南亞國家聯盟成立宣言》； (2) 東南亞國家聯盟正式成立
1976年2月	在印尼巴厘島，東盟各國首腦分別簽署了《東盟合作宣言》和《東南亞友好合作條約》，並首次提及東盟政治領域的合作
1977年和1987年	分別通過了《東盟特惠貿易安排協定》和《關於改善東盟特惠貿易安排的議定書》，確定區域內建立特惠貿易制
1984年	文萊加入東盟。至此，馬來西亞、新加坡、印度尼西亞、泰國、菲律賓和文萊等被稱為「6個東盟老成員國」
1995—1999年	(1) 越南於1995年、老撾和緬甸於1997年、柬埔寨於1999年相繼加入東盟，它們被稱為「4個東盟新成員國」。至此，東南亞十國成為東盟正式成員； (2) 東盟的主要宗旨和目標是本著平等與合作精神，共同促進東南亞地區的經濟增長、社會進步和文化發展，為建立一個繁榮、和平的東南亞國家共同體奠定基礎，以促進本地區的和平與穩定

二、東盟自由貿易區的發展進程

從1992年1月至2002年1月，經過東盟自由貿易區（ASEAN Free Trade Area，簡稱AFTA）各成員國的不懈努力，取得了令人矚目的進展，其發展進程如表2-2所示。

表 2-2　　　　　　　東盟自由貿易區的發展進程

時間	地點	會議	具體內容
1992 年 1 月	新加坡	第四次東盟首腦會議	(1) 東盟各國首腦簽署了《加強東盟經濟合作框架協議》，決定建立東盟自由貿易區，並從 1993 年 1 月 1 日起的 15 年內建成東盟自由貿易區； (2) 批准了建立東盟自由貿易區主要機制的《共同有效優惠關稅計劃》（簡稱 CEPT），並規定通過分階段實施； (3) 在 2008 年將工業製成品的關稅減到 5% 以下
1994 年 9 月	泰國清邁	東盟經濟部長會議	(1) 將東盟自由貿易區建成的時間從 15 年縮短為 10 年； (2) 2003 年 1 月 1 日前對東盟自由貿易區內部貿易徵收的關稅降低到 5% 以下； (3) 同意對越南的關稅減讓可推遲到 2006 年，對老撾、緬甸和柬埔寨推遲到 2008 年
1998 年 10 月	菲律賓馬尼拉	東盟經濟部長會議	提出在 2010 年建成「東盟投資區」
1998 年 12 月	越南河內	第六次東盟首腦會議	(1) 通過的《河內宣言》和《河內行動計劃》； (2) 將 6 個東盟老成員國自由貿易區啟動的時間從 2003 年 1 月 1 日提前到 2002 年 1 月 1 日，並同意到 2003 年 CETP 關稅清單中 60% 的項目實現零關稅，將尚未列在降低關稅計劃中的產品盡快列入減稅清單； (3) 越南、緬甸和老撾將 CETP 清單中的關稅降至 0%～5% 的時間分別為 2003 年、2005 年和 2005 年；盡量增加零關稅商品種類的時間分別為 2006 年、2008 年和 2008 年

表2-2(續)

時間	地點	會議	具體內容
1999年9月27—28日	新加坡	東盟經濟高官會議	(1) 批准了2002年啓動東盟自由貿易區的決議； (2) 同意柬埔寨關稅減至0%~5%的時間為2010年
1999年11月	菲律賓馬尼拉	第三次東盟首腦非正式會議	(1) 同意6個東盟老成員國實現零關稅的時間從2015年提前至2010年； (2) 同意4個東盟新成員國實現零關稅的時間從2018年提前到2015年
2001年9月7—8日	越南河內	東盟經濟高官會議	建議6個東盟老成員國於2002年1月1日正式啓動東盟自由貿易區

三、中國-東盟自由貿易區建設進程

從1999年至2010年又經過了十一年，在中國政府的提議下，在東盟自由貿易區各成員國的積極回應下，中國-東盟自由貿易區終於從構想到正式建立，其具體建設進程如表2-3所示。

表2-3　　中國-東盟自由貿易區建設進程

時間	地點	會議	具體內容
1999年	菲律賓馬尼拉	第三次中國-東盟領導人會議	中國總理朱鎔基提出，中國願意加強與東盟自由貿易區的聯繫，這一提議得到東盟國家的積極回應
2000年11月	新加坡	第四次中國-東盟領導人會議	(1) 朱鎔基總理首次提出建立中國-東盟自由貿易區的構想； (2) 對中國與東盟建立自由貿易關係進行可行性分析； (3) 建議在中國-東盟經濟貿易合作聯合委員會框架下成立中國-東盟經濟合作專家組

表2-3(續)

時間	地點	會議	具體內容
2001年3月		中國-東盟高官會和經濟部長會議	(1) 中國-東盟經濟合作專家組正式成立； (2) 專家組圍繞中國加入WTO的影響及中國與東盟建立自由貿易關係兩個議題進行了充分研究
2001年11月	文萊	第五次中國-東盟領導人會議	正式宣布中國和東盟用10年時間建立自由貿易區
2002年11月	柬埔寨	第六次中國-東盟領導人會議	(1) 簽署了《中國與東盟全面經濟合作框架協議》； (2) 決定至2010年建成中國-東盟自由貿易區

第二節　中國-東盟自由貿易區合作的協議框架

中國-東盟自由貿易區構想的提出，是區域經濟一體化的表現和反應，是中國和東盟雙方政治互信日益加強和經貿合作不斷深化的結果，也是中國和東盟謀求區域經濟合作與發展的必然選擇。從提議到協議，由構想變現實，中國-東盟自由貿易區開始登上了世界經濟政治舞臺。① 中國-東盟自由貿易區合作的協議框架如表2-4所示。

---

① 趙仁平. 中國-東盟自由貿易區財政制度協調研究 [M]. 北京：經濟科學出版社，2010：8.

表 2-4　　中國-東盟自由貿易區合作的協議框架

協議構架	時間	簽署文件	具體內容
一、確立綱領性文件	2002 年 11 月	《中國與東盟全面經濟合作框架協議》	(1) 確定中國-東盟自由貿易區的目標、範圍、措施、時間表； (2) 先期實現自由貿易的早期收穫方案； (3) 經濟技術合作領域安排； (4) 給予越南、老撾、柬埔寨、緬甸多邊最優惠國待遇承諾； (5) 貨物、服務和投資等領域的未來談判安排； (6) 於 2003 年 7 月 1 日生效，標誌著中國-東盟自由貿易區建設正式啓動
	2003 年 6 月	《中泰蔬菜水果零關稅協議》	(1) 於 2003 年 10 月 1 日起實施中泰兩國之間 188 種農產品貿易的零關稅； (2) 意味著中國-東盟自由貿易區向前邁出了實質性的第一步，開闢了中國與其他國家開展「零關稅」的先河
	2003 年 10 月	《中華人民共和國與東南亞國家聯盟全面經濟合作框架協議》	(1) 東盟內任何一個或多個成員國可以單方面同中國達成加速降稅協議； (2) 進一步承認了「中泰蔬菜水果零關稅協議」的合法性
二、貨物貿易自由化	2004 年 11 月	《貨物貿易協議》和《爭端解決機制協議》	(1) 從 2005 年 7 月起，中國和東盟十國全面啓動降稅進程； (2) 標誌著中國-東盟自由貿易區建設進入了實質性的全面啓動階段
三、服務貿易自由化	2007 年 1 月	《服務貿易協議》	(1) 是規範中國與東盟服務貿易市場開放和處理與服務貿易相關問題的法律文件； (2) 2007 年 7 月 1 日起正式生效，它是中國-東盟經貿合作領域取得的又一重大成果； (3) 為中國與東盟開展服務貿易提供制度性保障

表2-4(續)

協議構架	時間	簽署文件	具體內容
四、投資便利化和自由化	2009年8月	《投資協議》	(1) 自2010年起對區域內所有成員國的投資者適用國民待遇，並對成員國投資者開放所有產業； (2) 2020年起則適用於所有的投資者，並推動資本、熟練工、專家及技術的自由移動； (3) 為投資者創造一個自由公平、透明便利的投資環境，並為其提供充分的法律保護

至此，中國-東盟自由貿易區建設的主要協議框架已初步形成，它的合作範圍遠超傳統意義上的以減稅為主的自由貿易區。它不僅標誌著中國-東盟自由貿易區協議主要談判的完成，還預示著中國-東盟自由貿易區國際投資規範化即將進入一個新階段。

第三節　中國-東盟自由貿易區合作的組織架構

目前，中國與東盟國家已經建立起不同層次和不同領域的合作組織機構，各組織機構在不同領域發揮著重要的作用。中國-東盟自由貿易區合作的具體組織架構如表2-5所示。

表2-5　中國-東盟自由貿易區合作的組織架構

組織架構	時間	具體內容
一、領導人會議	自1997年起	(1)「10+1」領導人會議是中國-東盟自由貿易區最高級別的合作機制； (2) 就加強中國與東盟交流與合作的重大議題進行磋商和決策； (3) 決定了中國與東盟合作的總體方向和基本內容

表2-5(續)

組織架構	時間	具體內容
二、部長級會議	自1991年起	（1）就中國與東盟關係以及其他雙方感興趣的問題交換意見； （2）建立經濟、交通、海關、總檢察長和青年事務部長合作機制
三、中國-東盟高官磋商	自1995年起	（1）中國-東盟高官政治磋商是中國與東盟合作的重要工作機制之一； （2）就中國與東盟關係進行政治協調；並就共同關心的政治和安全問題舉行年度磋商； （3）雙方加強了在政治、安全等領域的相互瞭解與信任
四、中國-東盟經貿聯委會、科技聯委會	1994年7月	（1）主要就國際和地區經濟、科技問題交換意見； （2）推動中國-東盟貿易、投資和科技合作； （3）加強雙方經濟、科技聯繫，提供貿易、投資和科技便利
五、中國-東盟聯合合作委員會	1997年2月	（1）是中國與東盟建立全面對話夥伴關係的後續行動之一； （2）旨在促進中國和東盟之間各領域合作的協調發展； （3）著力推動雙方在人力資源開發、人員和文化交流等方面的合作
六、中國-東盟貿易談判委員會	2002年	（1）正式啟動中國-東盟自由貿易區談判進程； （2）負責「中國-東盟全面經濟合作框架協議」的談判； （3）負責「自由貿易協定」的談判

　　至此，中國-東盟自由貿易區合作的組織架構初步形成，這些機構在中國-東盟自由貿易區建設中發揮著聯繫、協調和組織的積極作用。但現有的組織機構尚未健全，未設立常設的組織機構，缺乏強有力的執行機構。

第四節　中國-東盟自由貿易區所面臨的問題

一、利益均衡及協調問題

建立中國-東盟自由貿易區的目的在於促進區域經濟的發展和社會福利水準的提高，並要求體現效率和公平的兼顧。自由貿易區內各國在經濟上存在著互補性，但某些產品也存在著排斥性；更由於政治制度、經濟、社會發展水準和文化的差異，以及各國加入自由貿易區的目的不同；區域經濟一體化和保護本國民族經濟利益必然發生衝突，這就會存在各國在中國-東盟自由貿易區框架下利益的均衡和協調問題。

二、主權和主導權問題

主權是獨立國家最主要的政治問題。中國與東盟的一些重要國家，長期以來存在著對南海諸島的主權爭端。中國希望通過自由貿易區的建立，密切與東盟的經濟聯繫，避免雙方在有領土爭端的南中國海地區發生公開衝突。中國對此採取的原則是「主權歸我，擱置爭端，共同開發」。但這一原則在實施過程中遇到較大阻力，東盟對中國的意圖仍抱有戒心，也對貿易自由化的進程有所顧慮。

中國-東盟自由貿易區的建立，很大程度上就是以承認東盟的主導權為基礎的。因此，任何一個以國別為主導的區域合作組織都是東盟國家不願接受的。但客觀上來看，無論是整個東盟還是東盟中的某個國家，它們的整體經濟實力都比不上中國。如何在尊重東盟利益和主導權的基礎上，積極發揮中國的某種主導作用，成為推動自由貿易區順利發展的重要問題。同時，

區域經濟一體化的加深，一定程度上也存在著讓渡部分國家主權的問題，這使中國-東盟自由貿易區的主權和主導權問題更加突出。

三、機構和機制問題

《框架協議》中明確中國-東盟自由貿易區包括中國-東盟貿易談判委員會、中國對外貿易經濟合作部、東盟經濟高官會議以及東盟秘書處和對經貿部等談判機構。《貨物貿易協議》對機構安排的規定是在建立常設機構前，在中國-東盟經濟高官會議的協助和支持下，審議、檢查和監督、協調本協議的執行；東盟秘書處向中國-東盟經濟高官會報告監測本協議的執行情況；各締約方在東盟秘書處行使其職責的過程中應予以配合。《服務貿易協議》只規定了審議由東盟經濟部長和中國商務部長或其他指定代表負責。由此可見，中國-東盟自由貿易區沒有常設的固定組織機構和有力的運行機制，依然延續著「鬆散靈活、一致性和不干涉內政」的東盟決策方式，這一方式雖有可借鑑之處，但隨著區域經濟一體化程度的加深，這種缺乏固定組織機構和強硬約束力的協商與決策機制，將表現出層次不高、權威性不強的缺點。①

四、協議的完善與執行

目前，中國-東盟自由貿易區已簽署了《框架協議》《貨物貿易協議》《服務貿易協議》《投資協議》《爭端解決機制協議》《中泰蔬菜水果零關稅協議》等一系列重要協議，為中國-東盟自由貿易區奠定了較為完整的協議框架。但也要看到，中國-東

---

① 趙仁平. 中國-東盟自由貿易區財政制度協調研究 [M] 北京：經濟科學出版社，2010：98-100.

盟自由貿易區這種「先協議，後談判」的方式雖有其優點，但也存在著協議的完善和執行上的困難。特別是 2010 年中國－東盟自由貿易區如期建成後，對中國－東盟自由貿易區各項協議的執行與完善提出了全新的要求。

中國－東盟自由貿易區的構建，為中國和東盟國家之間創造和開闢了一條通向一致利益的機制和道路，它將雙方的經貿發展和互信關係連接起來，並為中國－東盟政治經濟合作提供了一種新的組織機制和平臺。從提議到協議、從內容到問題，以政府主導和組織制度化形式顯現出來的中國－東盟自由貿易區，在推動貨物貿易、服務貿易、投資自由化和其他領域經濟技術合作的過程中，政府經濟活動及財稅制度協調始終是其不可或缺的內容和重要組成。不論是自由貿易區主權和主導權的解決、機構和機制的建立、協議的完善與執行，其本質上都表現在國家和區域組織利益的均衡和協調上。涉及利益，就涉及與利益相關的財稅制度，尤其是與利益緊密相關的會計準則的協調和趨同。因此，中國－東盟自由貿易區會計準則趨同與發展也同樣會面臨中國－東盟自由貿易區存在的問題，探討中國－東盟自由貿易區環境下會計準則的趨同與發展，不僅是對自由貿易區各國利益和關係協調這一現實問題的解決，而且會在組織形式和制度化層面上推進中國－東盟自由貿易區協調機制的構建。

第三章　會計環境對中國-東盟自由貿易區會計準則趨同與發展的影響分析

中南財經政法大學郭道揚教授在其《會計史研究》中提到：「古往今來，凡天下大勢之流演，世界格局之化合，乃至職業之興衰，學科之演變，事業之起落，無不受環境的支配與影響。就會計而言，社會經濟的發展水準則是促進會計發展變化的第一歷史環境，或曰首要歷史條件。」這段話裡提到了一個概念，即「會計環境」。對這一概念，郭教授給出的定義是：「會計環境是與會計產生、發展密切相關，並決定會計思想、會計理論、會計組織、會計法制，以及會計工作發展水準的客觀歷史條件及特殊情況。」這是一個非常深刻的見解。事實上，隨著經濟全球化的到來，再加上互聯網經濟的發展，金融工具的創新，使得社會經濟形勢、經濟組織形式、利益關係等日趨複雜，會計環境也日益複雜。各國對會計的研究焦點也由原來的比較會計轉向統一會計準則的制定，但在會計準則趨同上，各國都不可避免地受會計環境的影響。會計環境不僅決定著會計思想的演變、會計組織的建立、會計法制的制定，還決定著會計工作的水準，影響國際會計趨同的進展。因此，在中國-東盟自由貿易區環境下研究會計準則趨同和發展問題是十分必要的，它不僅

是各國開展會計合作的基礎，而且還決定了中國-東盟各國進一步實現國際會計趨同的程度。由於中國-東盟大部分國家在近代都淪為殖民地或半殖民地國家，深受殖民國家的影響，我們將東盟十國劃分為四大板塊，即受英、美殖民影響的馬來西亞、新加坡、文萊、菲律賓、緬甸板塊；受法國殖民影響的越南、柬埔寨、老撾板塊；受荷蘭殖民影響的印度尼西亞板塊以及未淪為殖民地的泰國板塊。然後，我們再依據東盟國家的經濟發展水準來劃分，新加坡為「新興工業化經濟體」；馬來西亞、泰國、菲律賓和印度尼西亞，即「亞洲四小虎」為經濟較發達的發展中國家；越南、老撾柬埔寨和緬甸等經濟欠發達的發展中國家。最終，我們選取越南、泰國、馬來西亞、新加坡作為東盟代表性國家來研究。下面以中國、越南、泰國、馬來西亞和新加坡為例分析中國-東盟自由貿易區政治環境、經濟環境、法律環境和文化環境對會計趨同與發展的影響。

第一節　政治環境對中國-東盟自由貿易區會計準則趨同與發展的影響分析

政治環境是特定政治主體從事政治生活所面對的各種現象和條件的總和，可劃分為政治體系內環境（包括政治體制、政治模式、政治局勢等）和政治體系外環境（包括自然環境、社會環境和國際環境等）。中國-東盟11個國家的政治體制具有多元化的特點，有社會主義國家、資本主義國家，有人民代表制國家、議會共和制國家、君主制國家，也有軍政府國家。

一、中國-東盟自由貿易區主要國家的政治環境

(一) 中國的政治環境

中國的政治環境，以《中華人民共和國憲法》（以下簡稱《憲法》）為根本依據。《憲法》第一條規定：「中國是以工人階級為領導、工農聯盟為基礎、人民民主專政的社會主義國家。」同時指出「社會主義是國家的根本制度。禁止任何組織或者個人破壞社會主義制度。」《憲法》第二條指出：「中華人民共和國的一切權力屬於人民。人民行使國家權力的機關是全國人民代表大會和地方各級人民代表大會。人民依照法律規定，通過各種途徑和形式，管理國家事務，管理經濟和文化事業，管理社會事務。」全國人民代表大會是國家最高權力機關，而政府則作為人民的代表行使管理國家事務職能。通過財政稅收、資源配置、企業經營、經濟運行等方面的會計信息，進行國有資產管理，就是政府有效行使職能的體現。從中國政府的角色而言，會計信息的把控是其行使和完成職能的重要工具或手段。在社會主義市場經濟條件下，會計體系必須著眼於宏觀調控的目標，以社會利益最大化，以國家利益、人民利益為根本追求。總而言之，中國的會計準則必須以社會主義制度為出發點，而且又以其為最終歸宿，目的是保證我們國家制度的健康發展和不斷完善。會計活動，始終要貫徹國家的政治意志。

(二) 越南的政治環境

越南是議會共和制社會主義國家，國家政權屬於人民，越南共產黨是執政黨，國會是國家的最高權力機關，其常設機構為國會常務委員會；國會常務委員會設主席職位，即國會主席。國家主席是國家最高元首，由國會代表以無記名投票選出。但越南與中國民主集中制極為不同，越南在發展中形成了黨的總書記、國家主席、總理以及國會主席這四大最高權力機構之間

相互制衡的權力架構，這一架構導致了越南國家權力的相對分散，這一現象是由越南歷史地理、時代變遷、社會結構變化以及外部壓力等因素共同作用的結果。越南實行上、下兩院制。上議院議員150人，其中76人直選產生，74人遴選產生，任期六年。下議院議員500人，任期四年。最新一屆下議院於2011年8月組成，2013年12月解散。上議院則於2008年3月組成。

(三) 泰國的政治環境

泰國也稱泰王國，屬於君主立憲制國家（民主體制國家）。泰國王為國家最高元首（同時也是「泰國皇家軍隊」最高統帥），泰國王總攬一切權力，在具體層面上則通過國會、內閣和法院分別行使立法、行政和司法權。泰國國會是兩院制，即上議院和下議院。上議院150人，一部分由直選產生，一部分則由遴選產生。國會上議院的主要職能是立法、審議國家預算和政府施政方針，並對政府工作進行監督。2006年政變後泰國頒布了新的憲法，對選舉辦法進行了修改，這是泰國自1932年實行君主立憲制以來的第十六部憲法。泰國是一個政變頻繁的國家，自1932年以來，泰國共發生政變19次，距今最近的一次是2014年以巴育為首的軍方發動的軍事政變，這次政變導致了泰國政府總理英拉下臺。

(四) 馬來西亞的政治環境

馬來西亞是君主立憲聯邦制國家，國家元首和州的蘇丹分別是該國及州的立憲君主。君主立憲制原則適用於9個有世襲蘇丹的州。馬來西亞的政黨有40多個，多黨聯合執政是馬來西亞政治的特點。馬來西亞聯邦政府採用責任內閣制，內閣是馬來西亞最高行政機關，由選舉中占半數以上的政黨組成。憲法規定，馬來西亞國家元首（大蘇丹）是國家權力的象徵，集宗教領袖和軍隊統帥於一身。國家元首大蘇丹是統治者會議從9個世襲蘇丹中輪流選舉產生，輪流執政，不能連任。統治者會

議的職能是選舉國家元首,並對國家的政策、法律和宗教問題進行審議。聯邦會議,也稱國會,是國家最高的立法機構。

(五) 新加坡的政治環境

新加坡現行的政治體制是一個在多黨民主體制下保持一黨獨大的議會共和制國家。人民行動黨之所以能一黨長期獨大,主要是被譽為「新加坡國父」的李光耀的作為,他執政時期所形成的權威。在李光耀治下,舉凡政治、經濟和財政等各方面新加坡所有的資源都被壟斷控制在人民行動黨手裡,再通過精心設計的立法、行政方面的制度,就造成了所有其他在野反對黨根本不可能形成對人民行動黨的實質性挑戰。新加坡政治制度一方面具有多元民主政體的基本選舉程序與法律制度,另一方面又成功地享有了權威主義的政治權勢。可以說,這是一種介乎於權威主義與民主政治之間的特殊政體模式。在新加坡國家發展過程中,這種政治模式能最大限度地保證政策連續性,有利於新加坡經濟和社會的快速發展。

二、政治環境對中國-東盟自由貿易區會計準則趨同與發展的影響分析

任何一個國家的會計都建立在一定的政治環境之上,並為該國的政治目的服務,會計準則的性質要反應一個國家的政治觀點和政治目標。在中國-東盟自由貿易區環境下,東盟大多數國家非常看重國家主權,民族主義意識十分強烈。因此,建立中國-東盟自由貿易區的政治意義大於經濟意義。一個國家所處的政治環境,包括政治體制、政治穩定以及殖民地與宗主國的傳統關係等,都對會計的模式、指導原則以及具體制度和程序產生影響,而這些影響一般都是通過法律、法規加以體現的。中國-東盟11個國家中,有3個人民民主專政的社會主義國家,由於經濟恢復的需要,社會主義國家在發展過程中,需經歷計

劃經濟時期。計劃經濟體制下的會計制度與西方國家的市場經濟體制下的會計制度完全不同，這也成為這3個社會主義國家市場經濟地位在改革開放之後得不到認可的原因之一。因此，中國和越南加入世界經濟貿易組織後，為了市場經濟地位能得到認可，必須盡快完成國際會計趨同的要求。但這種趨同只是「形式」上的，與「實質」上的趨同仍有一定的差距。2006年2月，中國頒布的新企業會計準則，實現了國際會計趨同。1997年亞洲金融危機的爆發，加快了東盟各國與國際會計準則趨同的步伐。此次金融危機的爆發，既有外因，也有內因，可謂極其複雜；但東盟諸國自身在國家金融方面監管體系不健全、會計制度方面不完善等，則是重要的內因。在受亞洲金融危機重大影響或危機波及的國家中，由於大多數國家都沒有正確施行國際會計準則，以至於在分析判斷導致金融危機的各種因素時，不能由財務會計報表獲得及時而有用的信息，最後導致嚴重的後果。因此，建立會計準則並促使其國際趨同化，也是經濟危機的教訓對加強會計監管、提高財務信息質量的推動所帶來的結果。除了政治體制對會計準則趨同與發展有影響外，政治上的穩定有時對會計準則的選擇產生直接的影響。政治穩定才可能帶來經濟的繁榮，經濟繁榮才可帶動資本市場的發展從而推動會計的發展。但是，東盟一些國家在政治上經常表現得不穩定。2006年和2014年泰國兩次爆發的政變，政局不穩，經濟也遭受打擊。因此，政局穩定對中國-東盟自由貿易區的經濟與會計發展是極為重要的。

第二節　經濟環境對中國-東盟自由貿易區會計準則趨同與發展的影響分析

經濟環境是指經濟體制、經濟發展水準、經濟調控方式、物價變動水準、金融、證券市場發育及完善程度等具體因素的總和。從經濟體制來說，中國-東盟各國均屬於市場經濟體制，但經濟發展水準表現出極大的不均衡。新加坡為「新興工業化經濟體」，馬來西亞、泰國、菲律賓和印度尼西亞屬於較發達的發展中國家，越南、老撾、柬埔寨、緬甸為發展相對落後的發展中國家。經濟發展水準的差異會導致各國經濟的國際化程度存在差異，也會相應影響各國經濟制度的發展，包括會計國際化程度的發展。

一、中國-東盟自由貿易區主要國家的經濟環境

（一）中國的經濟環境

中國實行社會主義市場經濟體制，公有制經濟是中國的經濟基礎。當前以及以後相當長一段時間內，我們都還處於堅持社會主義制度的基礎上進行市場經濟體制改革的階段，即轉型期。在市場經濟條件下出現了多元所有制結構和不同類型的企業組織形式，但實現和維護社會整體利益，國家和人民利益的至高無上性始終是社會主義經濟制度的根本要求。因此，中國會計的立足點和出發點必然是國家整體的經濟政策，也就是說，國有資產的保值增值以及達到最高的社會效益，必定是我們的會計工作始終如一的職責。中國政府在資源配置上的力量很強，但證券市場不發達，企業會計以稅收為導向，強調會計為宏觀經濟服務，因而會計準則的目標是以維護國有資產為象徵的全

體人民的利益。這種會計目標，就使中國的會計體系呈現出一種宏觀統一化特徵。隨著中國改革開放的深化，不斷融入世界經濟的發展中。2006年2月，中國頒布了新的企業會計準則，從而實現了國際會計趨同。

(二) 越南的經濟環境

越南在經濟體制改革前一直照搬蘇聯的計劃經濟體制模式。自1986年12月越共「六大」提出越南當前及以後一段時間裡都還處於社會主義過渡時期的「初始階段」，越南也向中國學習開始實行革新開放。由此，越南提出「黨必須在各個方面實行革新」，在投資結構和產業結構方面進行調整。20世紀90年代之後，越共「八大」進一步提出要大力推進國家工業化和現代化。然後在21世紀初（2001年），越南也提出要建立社會主義市場經濟，走工業化和現代化道路，發展多種經濟成分，發揮國有經濟主導地位，作為三大經濟戰略重點，同時開展適應市場經濟運行的配套管理體制建設。2006年，越共「十大」提出發揮全民族力量，全面推進革新事業，使越南早日擺脫欠發達狀況。2011年，越共「十一大」通過了《2011—2020年經濟社會發展戰略》，提出2011—2015年經濟年均增速達7%～7.5%。越南從計劃經濟向市場經濟過渡之後，隨著改革開放的深化，不斷融入世界經濟的發展中。原先所採用的蘇聯的計劃經濟體制下的會計制度核算體系也完全被革新，轉而制定準則形式的會計規範，內容不斷向國際會計準則靠攏。2001年，越南頒布了會計準則，成功的邁出了向國際會計準則趨同的第一步。

(三) 泰國的經濟環境

泰國屬於以生產資料私有制為主的外向型經濟國家，實行自由經濟政策。第二次世界大戰以前，泰國是單一的農業國。1954年10月頒布的《鼓勵工業發展法案》，正式拉開了以工業化為中心的經濟發展戰略的序幕，並於1961年起開始實施國家

經濟與社會發展五年計劃，經濟體制由強調民族資本主義向重視發展工業的自由資本主義轉變。泰國經濟的發展先後經歷了進口替代、出口導向及高速發展三個階段。20世紀90年代起，泰國經濟結構發生重大變化，由主要以農產品出口為主的農業國逐步向新型工業國轉變。1995年泰國經濟增長率高達8.8%，人均年收入超過2,500美元，被世界銀行將其列為中等收入國家。然而1997年爆發的金融危機，讓泰國遭受了沉重打擊。2001年起開始實施「雙軌式」經濟發展戰略，使得2003年泰國經濟明顯好轉，增長率達7.0%，成為東南亞地區經濟增長最快的國家。2006年以來，泰國政局動蕩不安，政府更迭頻繁，經濟也遭受打擊。2009年起政府推出了一系列刺激經濟的「泰國強國計劃」，經濟逐步恢復並發展。

（四）馬來西亞的經濟環境

馬來西亞作為新興工業化市場經濟體，一直強調國家利益導向。政府負責制定宏觀經濟計劃，來引導全盤的經濟活動。但這種做法的作用正不斷降低。20世紀70年代以前，馬來西亞經濟以農業為主，以初級產品出口為主導。20世紀70年代之後馬來西亞逐步調整產業結構，向出口導向型經濟轉型，原先薄弱的電子業、製造業、建築業和服務業開始有所發展。馬來西亞還實行馬來民族和原住民優先的「新經濟政策」，試圖借此達到消除貧困、重組社會的目的。自20世紀80年代中後期起，馬來西亞確實取得了經濟連續10年8%以上的高速增長率。20世紀90年代開始，馬來西亞開啟了「2020宏願」的跨世紀國家發展戰略，使馬來西亞在2020年成為發達國家。這樣一來，走高科技的發展道路成為必然的選項，馬來西亞啟動了「多媒體超級走廊」「生物谷」等多項重大項目。但好景不長，1998年的亞洲金融危機，導致馬來西亞經濟出現負增長；通過穩定匯率、重組企業債務以及提振內需、出口等政策，馬來西亞經濟得以

企穩並保持中速增長。2008年受國際金融危機影響,由於全球經濟增長速度放緩甚至疲軟,馬來西亞難以獨善其身,也出現了經濟增長停滯,出口下降且內需不強等情況,馬來西亞政府為應對此輪危機,採取了多項刺激經濟和內需增長的措施。如今馬來西亞的經濟逐步擺脫金融危機影響,企穩回升勢頭明顯,2010年還公布了以「經濟繁榮與社會公平」為主題的第十個五年計劃,並出抬「新經濟模式」,繼續推進經濟轉型。

(五) 新加坡的經濟環境

新加坡是1965年從馬來聯邦脫離獨立出來的。由於面積狹小、資源匱乏,從建國伊始,新加坡就走多樣化經濟發展道路,以自由市場經濟為導向,大力吸引外資。20世紀80年代,新加坡開始大力投資基礎設施建設,營造優越商業環境,吸引外來投資。同時,加速發展資本密集型產業和高增值型新興工業。通過打造製造業和服務業這兩個經濟增長的驅動輪,輔以產業結構的不斷優化(20世紀90年代更突出信息產業發展,在全島興建「新加坡綜合網」),新加坡的國民經濟獲得了長期穩定而快速的增長。進入新世紀之後,新加坡為進一步拓展經濟增長新路子,開始實行「區域化經濟發展戰略」,積極投資海外,加大在國外的經濟份額。

二、經濟環境對中國-東盟自由貿易區會計準則趨同與發展的影響分析

經濟環境是影響經濟發展的主要因素,經濟發展會帶動會計的發展,會計的發展水準與經濟發展水準相適應。經濟發展水準影響著會計信息使用者對會計信息的重視程度,會計作用的發揮程度,也影響著各國對維護影響利益相關者的會計方法的態度。經濟全球化和經濟一體化推動會計準則的國際協調直至實現國際會計趨同,均是經濟環境的影響。經濟環境的變化

及發展對會計發展的影響是根本性的,從影響會計目標、會計管理體制,及至影響會計規範、會計體系。由於中國-東盟各國經濟發展水準不同步、資本市場發展程度不一致,就決定了各國會計信息使用者性質和特徵有所不同,也決定了各個國家的會計目標必然存在差異。中國、新加坡、馬來西亞和泰國都採用了與IASB現行財務報告概念框架相同的「兩觀」(決策有用觀和受託責任觀)並存的做法。而越南在其會計準則框架裡並沒有提及會計目標相關內容,其對會計信息質量的要求裡並沒有強調相關性。很顯然,越南在制定其會計準則時,同樣考慮了自身經濟環境的可行性。會計準則的制定模式和監管模式從屬於經濟體制和經濟模式。在以生產資料私有制為主要形式的國家,保護私有財產是這種經濟體制的本質。會計工作的基本職責是保護投資者的利益,強調民間團體和獨立註冊會計師的監督,重視會計信息的公允性。而以生產資料公有制為主體的國家,比較重視公有財產。以這種經濟體制為基礎的會計活動,必然更多地強調維護社會的整體效益,強調國有資產的保值、增值,由此相應的會計法規、會計準則等具有明顯的統一性和強制性,而企業會計行為受到較多的政府監管。中國-東盟國家中的中國、越南、新加坡和泰國的政府在會計準則的制定和管理過程中起權威作用,這與這些國家的經濟調控中政府的強勢作用有關。馬來西亞會計準則的制定與管理通常是民間為主,政府為輔。會計準則制定機構的性質決定著會計準則的法律性質以及要求強制遵循的程度,同時也決定了準則執行的監管方。

會計隨著經濟環境的發展而發展。不同的經濟環境下會計信息使用者的需求是會計發展的內在動因。發展中國家在經濟發展的過程中,其會計的發展面臨著不同的驅動因素。中國-東盟國家目前都在不同程度上實現了國際會計趨同,但實現的路徑不同,效果也有所不同。自中國加入世界貿易組織後,為了

確立中國的市場經濟地位，避免因會計準則的不同在國際反傾銷訴訟中處於不利地位，中國採取了漸進式與國際會計準則趨同。但隨著中國經濟的不斷發展，漸進式的會計準則變革有可能不再適應中國現行的經濟發展環境，中國已具備完全趨同的可能性。新加坡是東盟國家中經濟發展水準較高的國家，可新加坡資源貧乏，其實現國際會計趨同的過程與資本市場不斷建立和完善是同步的。新加坡的會計準則變革既屬於漸進式的變革，也屬於平行推進式的會計準則變革。馬來西亞和泰國會計準則變遷也是隨著經濟的發展而逐漸進行的。越南是東盟國家中經濟發展水準較低的國家，其與國際會計準則趨同程度也較低。面對不同會計發展要求的因素，各個國家如何選擇才能獲得良好的會計發展，並且反過來推動經濟的發展，是值得研究和思考的問題。

第三節　法律環境對中國-東盟自由貿易區會計準則趨同與發展的影響分析

　　法律環境包括法律體系的種類、各種法律的具體內容。就法律體系而言，主要的法律體系有大陸法系和普通法系，或分別為成文法系和判例法系。就法律的具體內容而言，與會計密切相關的法律通常有商法、證券法、公司法、會計法等。中國-東盟各國的法律體系既有大陸法系也有普通法系，與會計相關的法律也各有異同。

一、中國-東盟自由貿易區主要國家的法律環境

（一）中國的法律環境

就法律體系而言，中國當屬大陸法系國家，是典型的以政

府參與為主的立法模式，具有較強的強制性和統一性。這主要表現在相關法律法規由官方機構制定，極大地限制了社會團體在法律制定過程中的作用。1993年12月29日中國通過了《中華人民共和國公司法》，並於1999年和2004年修正。該法僅適用於有限責任公司和股份有限公司兩種組織形式，未對其他公司組織形式做規定。1998年12月29日通過了《中華人民共和國證券法》，這是中華人民共和國成立之後第一部按國際慣例、由國家最高立法機構組織而非政府某個部門組織起草的經濟法。2008年頒布的《中華人民共和國企業所得稅法》及其實施細則的相關規定與2006年頒布的《企業會計準則》的相關規定接軌，以利於新企業會計準則的實施。

（二）越南的法律環境

越南的成文法最早追溯到越南李朝的法律。1945年越南民主共和國建立以後，先後頒布過4部憲法。越南的《公司法》於1991年1月2日頒布，該法僅適用於責任有限公司和股份公司。1998年7月11日頒布了關於證券與證券市場的1998年第48號決定，對外商參加越南證券市場活動做出了相關的規定，同時頒布《關於建立證券交易中心》的第127號決定。這兩個法律文書構成了越南證券交易市場運行的初步法律框架。越南的稅法有《越南所得稅法》《越南進出口稅法》。為了適應經濟全球化的發展趨勢，進一步吸引外商投資，推動對外經濟發展，越南陸續制訂、頒布了規範各種經濟行為的法律文件，其中比較重要的有《投資法》《企業法》《貿易法》《海關法》《進出口稅法》等，這些法律在實施過程中，根據形勢的發展和具體情況的變化進行過相應的調整、修訂和補充。

（三）泰國的法律環境

泰國的法律體系是大陸法系，以成文法作為法院判決的主要依據。主要的成文法典包括《民商法典》《刑法典》《民事訴

訟法》《刑事訴訟法》《稅法》和《土地法》。其中《民商法典》包括了民商事和經濟法。泰國還制定有《稅法典》，其對個人所得稅、公司所得稅、增值稅、特別行業稅及印花稅做了法律規定。1997年東南亞金融危機之後，泰國對民商事和經濟法律方面進行了修訂。

（四）馬來西亞的法律環境

馬來西亞沿襲大英帝國的傳統，實行的法律屬於判例法體系。1956年，馬來亞聯合邦通過了《商業註冊令》，這個法令在馬來西亞獨立之後繼續生效。馬來西亞的《公司法》是根據澳大利亞的《統一公司法》，結合英國有關公司的法律規定進行修改制定的。馬來西亞的稅法實行聯邦政府和地方政府分稅制。20世紀90年代，馬來西亞證券市場取得顯著的發展，成為亞洲第四大證券市場，馬來西亞制定了一系列的措施，包括在吉隆坡交易所上市的條件、投資者參與股票借貸的條件等。

（五）新加坡的法律環境

受原英屬殖民地身分的影響，新加坡法律體系屬於普通法系（即英美法系）。新加坡獨立前，其所適用的法律均為英聯邦法律，1965年新加坡獲得獨立，便走上了自主立法的道路。1966年，新加坡制定了《公司法》，這部法律是在1965年馬來西亞公司法基礎上制定的，於1967年生效的《公司法》規定了新加坡公司的組織形式有股份有限公司、有限責任公司、無限責任公司三種，該部法律曾多次進行修訂。新加坡建國初期的稅制基本沿用作為馬來亞聯邦一個州時的稅制。隨著經濟的發展，新加坡與發達國家一樣，由過去的以間接稅為主向以所得稅為主的稅制轉換。開徵的稅種少，稅制結構簡單。

二、法律環境對中國-東盟自由貿易區會計準則趨同與發展的影響分析

會計法制化已成為現代市場發展的必然要求，會計準則作為會計內容中最為重要的部分，會計制度作為法律體系的一個組成部分，儘管並不是法律的本身，但作為法律體系中不可或缺的部分，深受各國法律環境的影響。首先體現在對會計準則制定模式的影響上，由於中國-東盟國家適用的法律體系不同，在會計準則制定模式中，大陸法系主要是官方或半官方的制定模式（如中國、越南），該模式由政府組織領導，吸引民間人士參與，而會計職業界較少參與制定會計準則。該模式出抬的公司法和商法，在會計和報告問題方面都有比較明確詳細的條文，有具體的記帳規則和統一的報表格式，對公司的各種活動予以規範限定。普通法系則是由民間組織制定，官方以不同的形式給予支持（如馬來西亞），法律對於公司的各種經濟活動只是起宏觀指導性作用，通常不開列具體性的條條框框，財務報告也沒有一個統一的編寫規則和格式，這種模式下的企業會計準則制定擁有較大的自主性和自由度。不同會計準則制定機構在對會計準則趨同的執行推動與監管效果上存在著差異。中國-東盟11個國家人口眾多，民族眾多，構成複雜，中華文化、伊斯蘭文化和印度文化相互交匯，許多東盟國家的法律體現出多種法律體系的混合。如馬來西亞就受到伊斯蘭教的影響，還專門制定了伊斯蘭金融機構財務報表列報準則。宗教之所以可以直接影響準則的制定而不僅僅是對執行過程的會計政策選擇及會計行為產生間接影響，是因為宗教的影響已經法制化。可見，會計準則作為一種經濟規範，是不能脫離一國的法律體系單獨存在的。隨著經濟全球化的發展，除了促使會計產生了趨同，也促使法律趨同加速。中國-東盟國家中與會計相關的《公司法》

《商法》《證券法》《稅法》等法律也各有迥異，其中中國、越南、馬來西亞、新加坡已制定了《公司法》，泰國制定了《民事和商事法典》。但各國的《公司法》除了對「公司」的定義不同之外，還對資本進入、利潤分配、公司的管理與監督等內容的定義存在差異，這勢必會影響到會計的管理與會計準則的執行。由此可見，中國-東盟國家各種與會計相關的法律要實現趨同遠比會計趨同難，但從中國-東盟國家均致力於開放本國市場，並制定了各種有利於外來投資的政策與法律法規來看，中國-東盟國家存在法律趨同的傾向和主動性，各國間法律趨同程度將會推動會計準則實質趨同的進展。

第四節　文化環境對中國-東盟自由貿易區會計準則趨同與發展的影響分析

文化環境主要是指一個國家或地區的民族特徵、文化傳統、價值觀、宗教信仰、教育水準、社會結構、風俗習慣等。中國-東盟大部分國家在近代都曾淪為殖民地或半殖民地國家，深受殖民國家的影響，在宗教信仰、社會風俗、生活方式等方面存在較大的差異。

一、中國-東盟自由貿易區主要國家的文化環境

(一) 中國的文化環境

中國是一個統一的多民族國家，由 56 個民族組成，每個民族的風俗習慣、宗教信仰、民族性格都存在著差異。但不管是哪個民族，他們作為中華民族大家庭的一員，都秉承中華文化的核心精神，能夠辯證地理解群己關係，更能夠將個人利益與民族和國家利益融合統一在一起，這是自古以來中國人與任何

其他國家的人不同的地方。當然，在傳統時代，中國社會也有講究等級，尊卑有序，權力差距較大的情況。進入現代尤其是近幾十年來，中國實行9年義務教育，全國已有百分之九十以上的人口普及了小學教育；其他階段、其他類型的教育，包括民族教育都得到了很大發展，多層次、多形式、多學科門類的教育體系基本形成，國民素質從整體上得到了較大提高，國際交流和合作越來越廣泛和深入。另外要注意的是，孝道文化是中華民族普遍認同的優良傳統，它不僅是一種親子間的倫理價值觀念，而且包含著宗教的、哲學的、政治的、法律的、教育的、民俗的等諸多文化意蘊。大體而言，中國人相對保守，體現在我們的會計準則即便被與國際趨同的會計準則取代後，仍然一再強調可靠性，而對於公允價值計量模式的應用慎之又慎。

(二) 越南的文化環境

越南全國有54個民族，京族占總人口的80%以上。不同的文化背景造就了各自的語言，有的民族甚至擁有自己的文字，越南語和國語字是越南主要的語言和文字。越南政府越來越重視發展教育，教育分為基礎教育和高等教育兩個階段，基礎教育階段通常為12年，從2001年起開始普及9年義務教育，相對於其他東盟國家，越南的義務教育開展得較晚；高等教育主要包括高等專科學校、本科院校和一系列職業技術教育培訓學校。越南憲法規定，公民享有宗教信仰自由，國家保護公民信仰宗教的基本權利。目前全國有約2,000萬名宗教信徒，約占全國人口的1/4，國家鼓勵教徒進行國際交往及參加文化教育和慈善事業。但作為一個信仰馬列主義的社會主義國家，越南一貫堅持政教分開的政策，因此，宗教在越南的影響僅限於民間信仰範疇。長期以來，越南社會深受中國儒家文化的影響，重視讀書識字，提倡尊師重教。

（三）泰國的文化環境

泰國也是一個民族眾多的國家，全國有 30 多個民族；其中泰族是主體民族，占比 75%，在泰華人則占全國人口的 13%。泰國是個信奉佛教的國家，佛教是泰國的國教，有 95% 以上的國民信仰小乘佛教。佛教對規範泰國社會生活發揮著重要作用，小乘佛教更強調自我內省和個人修行，注重平和、矜持。宗教色彩匯進民眾的教育，泰國的教育經歷了從寺院教育到現代教育的轉變。如今，泰國具有層次完備、教學嚴謹的教育體制，主要包括普通教育、職業教育和成人教育三大類。其中普通教育與中國類似，包括幼兒教育、初等教育、中等教育及高等教育 4 個階段。泰國實行 12 年制義務教育，即小學 6 年，中學 6 年。泰國的高等教育體制是多元化的，在教育制度上比較接近美國的教育體制。泰國的國語為泰語，英語是泰國學校的必修語言。近年來，隨著中國經濟的蓬勃發展，越來越多的泰國人對漢語產生興趣，漢語一躍成為僅次於英語的第二外語。

（四）馬來西亞的文化環境

馬來西亞是一個多民族、多元文化的國家，以族群來看，馬來族占 54.6%、華裔占 24.6%、印度裔占 7.3%，不同的族群之間存在著經濟不平等的現象，如華裔佔有馬來西亞 70% 的市場資本。多元文化引導著馬來西亞人民的行為，引導著社會價值、規範，並引導著社會前進。因此，馬來西亞的會計文化是多元文化因素碰撞和融合的結果。馬來西亞是一個有著巨大權力差距的國家，所以在馬來西亞的企業文化中，低層次的人必須要尊重高層次或者非常資深的人。在馬來西亞，伊斯蘭教為國教。伊斯蘭教認為擁有財產的人是真正的受託人，保護財產的私有權利，關注社會公正，強調對契約負責、信守諾言和絕不欺騙的重要性。馬來西亞的國語是馬來語，通用英語，華語也廣泛使用。在教育方面，馬來西亞強制實行 9 年義務教育，

小學學制 6 年，為免費教育。

(五) 新加坡的文化環境

新加坡是個多民族的國家，其中華人占全國人口的 77.5%，馬來族占 14.2%。眾多的移民帶著各自的原鄉文化進入新加坡，在經過幾十年的交流與融合後，形成了新加坡今日多民族的和諧社會，同時也體現出豐富多元的文化特色。由於華人占大多數，因此中華文化精髓也深深影響著新加坡社會生活的方方面面。新加坡是一個宗教自由的國家，佛教、伊斯蘭教、基督教以及印度教、道教等廣有信眾，新加坡信仰宗教的居民占 85.5%。新加坡提倡宗教與族群之間的相互容忍和包容精神，實行宗教自由政策。新加坡的國語為馬來語，行政用語為英語，官方語言則除了英語之外還包括馬來語、華語、泰米爾語。在教育方面，新加坡的學校絕大多數為公立學校，其教育制度強調雙語教學。新加坡注重儒家思想，儒家敬老尊賢的品德、強烈的家庭觀念和教養子女的責任感，是新加坡維護社會安定、促進社會經濟騰飛的重要條件。

二、文化環境對中國-東盟自由貿易區會計準則趨同與發展的影響分析

文化環境直接或間接地對一國的會計產生影響。首先，中國-東盟國家文化有個顯著的特點，就是各國信奉的宗教不同。宗教是教徒信仰之所在，主要影響教徒的行為思想。因此，行為思想的差異影響著會計思想和會計理論的創新，影響著會計政策、方法的選擇，最終影響著會計在生產實踐中的發展。世界三大宗教在中國-東盟國家中各有各的地位，相對於基督教、佛教的影響，伊斯蘭教對會計的影響要大得多，馬來西亞的會計準則中就有專門的伊斯蘭教會計。其次，殖民文化對會計的影響也不小，中國-東盟大部分國家在近代都經歷了不同程度的

反殖民主義鬥爭，在與殖民主義鬥爭的過程中，有的國家淪為殖民地，有的國家淪為半殖民地，有的國家沒有淪為殖民地。那些被淪為殖民地的國家，在被殖民統治的過程中，深受殖民國家的影響。殖民歷史造就了殖民文化，殖民文化深刻地印在了政治體制、經濟體制和法律體制中，也深刻地印在了會計準則中。最後，傳統文化對會計的影響最不能忽視。不同的文化環境塑造不同的會計人員，一個國家的文化教育水準，與該國會計工作水準的高低有正相關關係。會計工作具有其特殊的技術性，它要求會計人員具有較高的知識水準和較高的綜合素質。有什麼程度的綜合文化素質與專業水準，相應地就有什麼樣的會計理論研究水準和會計技術的應用水準，而一國的會計理論和技術水準又對會計的國際交流與合作具有一定影響，與各國向國際會計趨同的進展密切相關。

第四章 中國-東盟自由貿易區環境下主要國家會計準則的比較研究

第一節 中國-東盟自由貿易區主要國家會計準則制定模式的比較

閻德玉教授認為:「會計準則是由特定的制定機構和專門的制定人員通過一定的制定程序制定適用於一定範圍的會計確認、計量和報告的標準。會計準則的制定機構、制定人員、制定程序等制定要素的相互結合方式稱為會計準則的制定模式。」良好的會計準則制定模式是產生「高質量」會計準則的前提。2010年中國-東盟自由貿易區的建立,使得中國-東盟區域會計趨同和發展問題成為目前學科領域關注的焦點。對中國-東盟各國會計準則制定模式進行比較和研究,可以深入地瞭解中國-東盟各國會計準則的制定背景和發展沿革,有助於深入理解各國會計準則的具體內涵,有利於各國間相互借鑑,促進中國-東盟自由貿易區區域的會計趨同與發展。

一、會計準則制定機構及其人員的比較

在會計準則的制定模式當中，制定機構是最重要的要素之一，在會計準則的制定過程中起到決定性的作用，所以，會計準則制定模式的類型通常以制定機構的性質來劃分。由於會計準則的制定機構有官方機構和民間機構，或者介於公立和私立之間的半官方機構，所以會計準則的制定模式可以分為三種：政府集中制、民間自主制以及民間制定和政府監管的混合制。由此制定出來的會計準則也就有法規、職業守則或者準法規的性質。

中國-東盟各國由於政治、經濟、法律以及文化背景的不同，會計準則的制定機構亦有所不同，中國-東盟自由貿易區主要國家會計準則制定機構及人員的情況如表4-1所示。

表4-1　中國-東盟自由貿易區主要國家會計準則制定機構及人員比較

項目	中國	越南	泰國	馬來西亞	新加坡
制定機構	中國財政部	越南財政部	泰國會計職業聯盟（FAP）	馬來西亞會計準則委員會（MASB）	新加坡會計準則委員會（ASC）
性質	政府機構	政府機構	半官方機構	半官方機構	政府機構
成立時間	1949年12月12日成立財政部會計司，負責制定中國會計準則	1999年成立會計準則發展指導委員會，負責制定越南會計準則	2004年成立會計職業聯盟，負責編製與頒布泰國會計準則	1997年成立，與財務報告基金會（FRF）組成制定財務報告的組織框架	2007年8月成立，負責制定新加坡會計準則

表4-1（續）

項目	中國	越南	泰國	馬來西亞	新加坡
機構成員	財政部會計司的專職工作人員	成員由財政部副部長任命，成員包括財政部會計政策處處長、財政部相關部門官員、各行業會計協會主席、會計職業團體成員、大學學者等	根據泰國會計職業法令，FAP成員共17名，其中主席1名，6名當然委員，5名特定會計職業委員會委員，3名專家以及2個其他委員會	成員由馬來西亞財政部任命，包括MASB主席、總會計師、6名其他成員以及分別來自證券委員會、Negara銀行、公司委員會的3名顧問，共11人組成	成員由新加坡財政部任命，除主席外，成員由包括會計專業人員、會計信息的編輯者和使用者、學術界和政府人員等14人組成
權威性	官方機構制定的會計準則具有行政法規的特質，有強制性效力	官方機構制定的會計準則具有行政法規的特質，有強制性效力	結合了官方制定與民間機構制定兩種模式的特點	具有行政法規的特點，但不具有強制性，體現對各方利益平衡的特質	官方機構制定的會計準則具有行政法規的特質，有強制性效力
趨同態度	支持	未明確表態	支持	大力支持	大力支持

（一）機構性質及其權威性

中國、越南的會計準則由財政部制定，屬於典型的政府集中制模式，並以行政法規的形式頒布，具有極高的權威性。在2004年之前，泰國的會計準則由泰國註冊會計師和審計師協會（Institute of Certified Accountants and Auditors of Thailand，ICAAT）負責編製與頒布，2004年頒布的《會計職業法》（The Accounting Profession Act B. E. 2547）規定，由2004年泰國成立會計職業聯盟（Federation of Accounting Professions，FAP）取代註冊會計師和審計師協會（ICCAT）負責泰國會計準則的編製，由會計職業監督委員會（The Accounting Profession Supervision Committee，APSC）批准生效，並在皇家憲報上公布。2004年前後，泰國的會計準則由不同的組織制定，但不論是註冊會計師和審計協會

(ICAAT)還是會計職業聯盟（FAP），都是非政府組織。一般而言，由非政府機構制定會計準則，作為職業守則，屬於行業自律行為，相對而言權威性較低。但是泰國的情況比較特殊，首先，會計職業聯盟（FAP）是在泰國《會計職業法》的授權下行使制定會計準則的職責，有一定的法律法規約束性；其次，泰國是個君主立憲制的國家，制定的會計準則最後要在憲報上公布生效。因此，泰國的會計準則制定屬於民間制定和政府監管的混合制，具有較高的權威性。馬來西亞會計準則委員會（MASB）是該國制定準則的唯一合法機構，於1997年成立。MASB制定會計準則強調在各方面與國外尤其是與IAS/IFRS保持一致。MASB主要成員中會計專業團體人員所占比重較高，會計準則是在國家法律框架下制定，也屬於半官方機構制定，會計準則具有行政法規的特點，但不具有強制性特質，在執行的過程中有賴於企業對會計準則的認可與接受程度，與政府集中制模式比較，權威性相對弱一些，但半官方機構在制定會計準則時即已包含各個利益相關方，故其制定出來的準則能兼顧各方的利益，保障準則的公正性。新加坡會計準則的頒布和實施是由根據1987年國會立法成立的註冊會計師協會（ICPAS）負責，ICPAS不隸屬於任何部門，其前身是成立於1963年的新加坡會計師協會（SSA）。隨著會計國際化趨勢增強，新加坡開始全面參照國際會計準則，於2002年成立了公司披露與治理委員會（CCDG），取代ICPAS負責制定會計準則與發布會計準則及準則解釋。CCDG由財政部成立，其成員上至主席下至委員均由財政部部長指定，並由《公司法》確定其法定地位，向財政部負責。由此，新加坡會計準則制定機構由民間轉入政府。2007年8月，新加坡通過了《會計準則法》，並成立會計準則委員會（ASC），取代CCDG負責制定會計準則發布會計準則及準則解釋，其主席和成員由財政部任命。新加坡會計準則較泰國和馬來西亞更具權威性。

(二) 準則制定人員的代表性

由於中國的會計準則是典型的政府集中制，會計準則制定的立項、起草等具體工作由財政部會計司的專門工作人員負責，制定機構人員的組成看似乎比較單一，但在準則制定的過程中，財政部會計準則委員會發揮了積極的作用。財政部會計準則委員會是財政部會計司下設置的一個機構，1998年10月成立，是中國會計準則制定的諮詢機構，旨在為制定和完善中國的會計準則提供諮詢意見和建議。財政部會計準則委員會共有委員22人，由財政部聘任，分別來自政府有關部門、會計理論界、會計職業團體、仲介機構和企業界等，由財政部副部長擔任委員會主席，財政部會計司司長擔任辦公室主任。會計準則委員會還聘請了160名諮詢專家，這些專家分別來自於政府有關部門、會計理論界、會計仲介機構、會計職業團體、證券交易所和企業界等領域，諮詢專家成員負責協助會計準則委員會開展工作。中國會計準則的制定，從項目的立項、意見稿的起草、意見的徵集、意見稿的修訂，直至最後送審稿的完成，這整個過程都徵求了財政部會計準則委員會的意見。相對中國而言，越南、泰國、馬來西亞、新加坡會計準則制定在很大程度上也融入社會各界的意見，代表著社會各領域的利益和意願，準則制定的代表性更廣泛。越南財政部於1999年成立了會計準則發展指導委員會，由財政部副部長擔任主席，成員由財政部副部長任命，包括財政部、國有資本與資產管理委員會、國家預算委員會、國庫、稅務總局、統計局、證監會，還有金融部門官員及大學學者等。泰國準則由泰國會計職業聯盟（FAP）負責制定，而會計準則的具體編製工作，由會計職業聯盟（FAP）指定的13~17人組成的泰國會計準則制定委員會（The Thai Accounting Standard Setting Committees，TASSC）來負責，這個會計準則制定委員會的成員包括專家（7~11人）、保險部門的代表、商業

登記部門的代表、稅務部門的代表、泰國銀行方面的代表、審計長辦公室的代表、證券交易委員會的代表。馬來西亞會計準則由馬來西亞會計準則委員會（MASB）負責制定，其主要成員由 1 名 MASB 主席、1 名總會計師、2 名安永合夥人、1 名普華永道合夥人、1 名亞洲農業集團主席、1 名 Maybank 投資銀行 CEO、1 名馬來西亞大學學者及 3 名分別來自證券委員會、馬來西亞 Negara 銀行、馬來西亞公司委員會的顧問組成。新加坡會計準則由新加坡會計準則委員會（ASC）制定，其成員由新加坡財政部任命，除主席外，成員有包括會計專業人員、會計信息的編輯者和使用者、學術界和政府人員等 14 人組成。

二、會計準則的制定程序的比較

會計準則的制定程序是指會計準則從起草、徵求意見、修訂，直至批准發布的全過程及所採用的方法。科學合理地制定程序是高質量會計準則的重要保證。為確保會計準則制定的質量，各國會計準則的制定機構都有一套自己的制定程序。中國-東盟自由貿易區主要國家會計準則制定程序如表 4-2 所示。

表 4-2　中國-東盟自由貿易區主要國家會計準則制定程序比較

項目	中國	越南	泰國	馬來西亞	新加坡
立項階段	由財政部會計司提出立項意見，向會計準則委員會和有關方面徵求意見並修改後，按規定程序報財政部領導批准後正式立項	由財政部會計準則發展指導委員會提出立項意見，徵求各方意見後，確定立項	由會計職業聯盟（FAP）根據會員的意見和社會各方的意見，確定立項	徵求各方意見後，經馬來西亞會計準則委員會（MASB）討論通過，成立專門的工作小組進行立項	新加坡直接以國際會計準則理事會發布的 IAS/IFRS 為藍本，因此其會計準則制定跳過立項和起草階段，只經過 3 個階段
起草階段	會計司組成項目組起草完成討論稿，並提交會計準則委員會徵求意見，修改後形成徵求意見稿	由會計準則發展指導委員會成立編製小組，收集意見和編製徵求意見稿	由 FAP 下的會計準則制定委員會起草意見稿	由 MASB 成立工作組編寫出徵求意見稿後，提交 FRF，再根據其反饋意見修改	

表4-2(續)

項目	中國	越南	泰國	馬來西亞	新加坡
徵求意見階段	通過向各省、自治區、直轄市和計劃單列市財政廳（局）以及國務院有關業務主管部門印發徵求意見稿，向社會廣泛徵求意見	小組內直接討論；組織財務專家與會計從業人員及學者公開討論；向財政部及相關方徵求意見	舉行公開聽證研討會，會計準則制定委員會根據收集的意見修改意見稿	通過公開發行和媒體發布徵求意見	當IASB就制定新的IFRS、對現有IFRS或IAS進行修訂、國際財務報告準則解釋委員會（IFRIC）發布草案，或者對現有解釋進行修訂時，ASC也會在其網站上就相對應的FRS發布徵求意見稿，以徵求公眾的意見，尋求反饋意見後的最終答復呈交給IASB
修訂階段	根據反饋意見對徵求意見稿進行修改，形成草案；將草案再次提交會計準則委員會徵求意見，對草案進行修改後形成送審稿	將收集到的各方意見，結合國家會計師委員會的建議，修改意見稿，提交指導委員會	會計準則制定委員會將修改的意見稿遞交給FAP，FAP對意見稿進行討論並完善，形成草案	工作組收集意見並修改，提交MASB，再提交FRF，據其意見進行修改，再次徵求意見，如此反覆多次	將ASC的建議提交其下屬委員會，以便確定是完全接受新的IFRS，還是在此基礎上進行修改後採用
發布階段	會計司按規定程序報送財政部領導審定，再由財政部發布並組織實施	財政部頒布並組織實施	FAP將草案遞交會計職業監督委員會批准生效，並在皇家憲報上公布	MASB發布準則	ASC在網上公布新加坡會計準則

　　從表4-2的比較可以看出，中國、越南、泰國、馬來西亞和新加坡會計準則制定的程序有類似之處，也有差異的地方。

　　(一) 會計準則的制定程序均規範化

　　為了保證會計準則的質量，上述五國都有明確的制定程序。如2003年中國財政部制定並發布了《會計準則制定程序》，把會計準則的制定工作納入制度化軌道。2004年泰國頒布的《會計職業法》對會計準則的制定、修訂、報批公布都有明確的規定。但是，這些程序與新加坡ASC的工作程序有所不同，主要

表現在編製會計準則徵求意見稿時，新加坡 ASC 是對 IASB 所制定的徵求意見稿向利益相關者徵求意見，而其他四國的工作程序基本是將本國專門的工作組或項目組編寫的會計準則徵求意見稿，廣泛地向社會各界（多次）徵求意見。

（二）制定會計準則的充分性程度有差異

創新一項準則，需要依據充分的基礎性研究、廣泛的調查和徵求意見、反覆醞釀、反覆討論。在充分性方面美國做得比較好，從項目立項至擬定準則意見稿之前就廣泛諮詢會計界和企業各方面專家的意見，並舉行公開的聽證活動，意見稿擬定之後還要舉行第二次聽證活動，並對草案進行反覆修訂。而上述五國在會計準則草案編製的充分性方面相對較差，過程相對簡單，未向公眾徵求意見。但五國在徵求意見稿階段都廣泛地向社會各界徵求意見，泰國和馬來西亞甚至還進行公開聽證。從五國當前具體準則制定的過程來看，其制定過程不是一種創新行為，而是對國際會計準則的一種合理的借鑑。相對中國而言，泰國、馬來西亞和新加坡對於國際會計準則的借鑑程度較大。

（三）會計準則制定程序的公開程度不一

馬來西亞和泰國在制定準則的過程中，從準則徵求意見稿階段全部對外公開，公眾參與的程度比較高，還舉行公開聽證活動。而中國會計準則的制定過程、制定準則的程序比較保密，一般不對外公開，僅發布會計準則徵求意見稿，也不舉行公開的聽證活動。會計準則的最後審定權是在財政部，審定過程也不採用投票表決程序。

（四）會計準則批准頒布的嚴密性不同

中國和越南會計準則由財政部負責制定並報財政部部長批准頒布，屬於行政法規，是典型的政府主導制。而泰國會計準則由泰國會計職業聯盟（FAP）制定，但最後由會計職業監督

委員會（APSC）審批。會計職業監督委員會（APSC）是泰國《會計職業法》中規定的一個代表政府行使監督職能的機構，該機構由來自政府、私營實體、會計、法律方面的 14 名專家組成。馬來西亞會計準則由馬來西亞會計準則委員會（MASB）制定並發布，MASB 是一個會計專業團體人員所占比重較高的半官方機構，發布的會計準則既具有行政法規，又具有會計執業守則的特性，這種由政府機構監督非政府機構的牽制機制嚴密性更強。

三、啟示

（一）從會計準則的制定模式看中國-東盟各國的會計趨同

會計趨同就是要消除各國會計之間存在的差異或者減少邏輯衝突，使各國會計達到協調的狀態。因此，會計趨同是一項牽涉面極廣而複雜的系統工程，需要考慮的影響因素很多，是一個漫長的過程。僅從中國-東盟自由貿易區主要國家會計準則制定模式看，儘管制定模式存在著很多差異，但仍存在趨同的可能性。

1. 從會計準則制定機構的性質差異看

馬來西亞會計準則由半官方機構制定，能夠代表大多數經濟主體的利益，提供公正有效的會計準則。泰國會計準則雖然由非政府機構泰國會計職業聯盟（FAP）制定，但準則的審批頒布由政府委託會計監督委員會監管。因此，泰國會計準則的制定機構帶有一定程度的政府色彩，屬於半政府性質。中國、越南和新加坡都由政府機構負責會計準則制定，與馬來西亞、泰國準則制定模式相差較大，但這並不影響各國的會計趨同。衡量一個準則模式是否合理有效的標準，不是簡單地從政府模式或者民間模式判斷，而是應該考慮這種模式是否能產生公正的會計準則、是否能協調各方利益、是否能溝通政府與民間的

關係。中國曾經歷了幾十年高度集權的計劃經濟體制，政府在社會發展過程中的影響力極大，幾乎所有的社會活動都依賴政府引導，這種觀念意識的存在使得會計準則由民間組織確定難以為會計相關各界所接受，加之中國的會計民間組織尚未十分成熟，很難承擔起制定會計準則的職責。同時，當前中國仍處於國有經濟占主導地位，政府是會計工作的主要服務對象和會計信息的主要使用者，由政府制定會計準則可以直接考慮到相關各方的需要。中國是成文法國家，會計準則在中國屬於行政法規，由財政部制定會計準則也符合中國的法律慣例。因此，中國-東盟各國在會計趨同問題上準則制定機構的性質差異不成為障礙。

2. 從會計準則制定的程序看

以上闡述中指出，除新加坡外，中國、越南、泰國和馬來西亞制定會計準則的步驟基本一致，相對英美模式而言，比較簡單。新加坡是完全借鑑國際會計準則的成果；泰國和馬來西亞借鑑和引用國際會計的成果較多，在某些行業領域完全使用國際會計準則；中國和越南會計準則也與國際會計準則基本趨同。隨著經濟全球一體化，為了促進中國資本市場的發展，2006年中國頒布了新的《企業會計準則》，以達到與國際會計準則等效。由此可見，上述五國的國際化協調為中國-東盟各國的會計趨同奠定了良好的基礎。

(二) 會計準則制定模式的啟示

1. 中國應提高會計準則制定人員的代表性

如果在準則制定過程中有來自各方面的專家參與，就能盡可能地照顧到各方的利益，也將使會計準則的質量更有保證。越南、泰國、馬來西亞和新加坡其制定人員來自社會各相關領域的代表（如表4-1所示），直接參與會計準則的制定工作，具有廣泛的代表性。中國由財政部的專職工作人員負責會計準

則的制定，雖然設置了會計準則委員會作為會計準則制定的諮詢機構，會計準則委員會還聘請了來自政府有關部門、會計理論界、會計仲介機構、會計職業團體、證券交易所和企業界等領域的160名諮詢專家，但由於沒有直接負責會計準則的制定工作，所以只有通過提高這些專家參與準則制定的程度，才能將社會各界的意見融入會計準則的制定中。會計準則委員會及其諮詢專家應建立定期會議制度，商討會計準則的制定問題，並從項目立項開始就應廣泛徵求專家組的意見。在隨後的制定過程中，要把專家參與過程的具體內容程序化、規範化，使社會各界的意見傳遞給會計準則制定人員，提高會計準則制定的代表性。

2. 建立相應的監督機制

監督機制是任何制度或者活動有效實施的前提，會計準則的制定也不例外。馬來西亞會計準則委員會（MASB）提出徵求意見稿，提交FRF審議通過後，再由MASB發布。泰國會計職業聯盟（FAP）制定會計準則之後，須由會計職業監督委員會（APSC）批准才能生效。會計職業監督委員會由來自於政府、私營實體、會計、法律等14名專家組成，負責監督會計職業聯盟（FAP）在影響公眾的重大會計問題上的運作。而中國會計準則的制定和批准頒布均由財政部完成，在會計準則實施的過程中也是由財政部組織，沒有相應的監督機制，不利於會計準則的制定和完善。鑒於中國的國情特點，可以考慮由學術界的專家學者以及相關經濟領域的專家組成監督機構，負責監督會計準則的制定過程，保證制定的質量和效率，並對會計準則的有效性進行評估，確保會計準則制定順利進行。

3. 提高會計準則制定的公開性

中國應進一步提高會計準則制定的公開性，從準備項目立項開始，就應該向社會公眾公開，鼓勵社會各界較早地關注和

參與，社會各界、諮詢專家組成員都能提出意見，會計準則委員會對社會各界以及諮詢專家的意見進行甄別、篩選，將意見傳遞給制定人員，最後確定項目，進入會計準則的研究和擬定階段。在發布意見稿徵求意見及修改階段，可以借助網路等先進技術，開展網路在線收集意見、投票等活動，增強社會各界的參與程度，並會同諮詢專家組舉行必要的聽證活動，將意見收集、篩選，充分考慮社會各界的意見，反覆論證和修訂，確保會計準則制定的質量。

（三）應允許特定公司使用全球公認的會計準則

在會計準則的國際協調進程中，中國經常遇到國際慣例和本國特色的矛盾。國情的特殊性不允許我們全盤接受國際慣例。在當前的形勢下，我們可以嘗試通過另一種途徑，即允許特定的公司在特定的條件下使用全球公認的會計準則來解決矛盾。這樣既能夠加快中國會計準則國際協調的步伐，也能夠改善中國的投資環境，順應經濟發展的要求。

第二節 中國－東盟自由貿易區主要國家財務報告概念框架的比較

財務報告的概念框架，最早於1976年由美國財務會計準則委員會提出。該概念框架由目標和系列基本概念組成，是一個邏輯嚴密的、適用於指導並評價會計準則的基本理論框架。這一理念目前逐漸被世界越來越多的國家接受。以下選取中國－東盟5個主要國家的財務概念框架或具有財務概念框架作用的文件，與IASB的概念框架文件進行比較，借此窺測中國－東盟自由貿易區各國實現國際會計趨同的程度。

一、財務報告概念框架地位的比較

中國、越南、泰國、馬來西亞及新加坡會計準則的制定模式不同，各國起到概念框架作用的文件也不相同。泰國、馬來西亞、新加坡在概念框架的名稱上都採用「編製與列報財務報表框架」的名稱，這一點是與 IASB 完全一致的。該框架明確了為外部使用者編製和呈報財務報表所依據的概念；但該框架在地位上嚴格來說不屬於會計準則，而屬於非準則概念框架，其條文內容亦不能替代任何具體的會計準則，因而不對特定的計量或披露問題確定標準。馬來西亞 2012 年對概念框架有所修訂，增加了所有的財務報表必須依照證監會、中央銀行或公司註冊地的法規。泰國 FAP 也承認，在某些特定場合，該概念框架與會計準則之間有可能發生矛盾。那麼在出現抵觸時，則要求以會計準則為準，而不是固守概念框架的規定。不過，在復審現有準則和構建未來準則的過程中，FAP 依然以概念框架為指導。與上述三國不同，中國和越南都將起到概念框架作用的文件歸入準則體系，屬於準則式概念框架。越南將之設為第 1 號準則，即總則，中國則稱之為基本準則；總則或基本準則都從準則高度對會計核算的一般要求和會計核算的主要方面予以規定，也為具體準則及具體會計處理方法的制定提供基本構架，對兩國具體準則中沒有規範的業務起到指導和統馭作用。中國的基本準則第三條特別明確規定，具體準則的制定應當遵循本準則。可以看出，中國的基本準則具有更強的約束力，統馭性也更強，是所有具體準則嚴格遵循的依據，是中國境內所有經濟活動主體會計工作的準繩。

二、財務報告概念框架內容的比較

IASB 財務報告概念框架的內容，包括財務報告目標，財務

報表信息的質量特徵,財務報表要素的定義、確認和計量,資本和資本保全概念等。由於5個國家對等於概念框架作用的文件,在表述形式和內容體系上都有同有異,出於方便(可比性),我們將採用IASB的概念框架內容為基準展開比較(如表4-3所示)。

表4-3　　　　中國-東盟自由貿易區主要國家
　　　　　　與IASB財務報告概念框架比較

項目		IASB	中國	越南	泰國	馬來西亞	新加坡
財務報告目標		決策有用、受託責任	決策有用,受託責任	未明確	決策有用,受託責任	決策有用,受託責任	決策有用,受託責任
財務報表信息質量特徵		如實反應、可比性、相關性、可理解性	可靠性、可理解性、相關性、可比性、重要性、實質重於形式、及時性、謹慎性	真實性、客觀性、完整性、及時性、可理解性、可比性	相關性、可靠性、可比性、可理解性	相關性、可靠性、可比性、可理解性	相關性、可靠性、可比性、可理解性
財務報表要素	定義	資產、負債、權益、收益、費用、其他綜合權益	資產、負債、所有者權益、收入、費用、利潤	資產、負債、權益、收益、費用	資產、負債、權益、收益、費用、資本保全調整	資產、負債、權益、收益、費用、資本保全調整	資產、負債、權益、收益、費用、資本保全調整
	確認	5個國家與IASB一致,會計確認均包括初始確認、後續確認和終止確認。確認條件為未來經濟利益的可能性;計量的可靠性					
	計量	歷史成本、含公允價值在內的現行市價、現值、可變現價值	歷史成本、重置成本、可變現淨值、現值、公允價值	歷史成本	歷史成本、現行成本、可變現價值、現值	歷史成本、現行成本、可變現價值、現值	歷史成本、現行成本、可變現價值、現值
	列報及披露	資產負債表、利潤表、現金流量表、所有者權益變動表及報表附註	四表一附註及其他說明	未涉及,在具體準則體現	未涉及,在具體準則體現	四表一附註及其他說明	四表一附註及其他說明

表4-3(續)

項目	IASB	中國	越南	泰國	馬來西亞	新加坡
資本和資本保全概念	資本的概念；資本保全的概念	無	無	資本的概念；資本保全的概念	資本的概念；資本保全的概念	資本的概念；資本保全的概念

(一) 財務報告的目標

中國-東盟5個主要國家中，除越南外，其他4個國家確定了財務報告的目標，中國、泰國、馬來西亞和新加坡與IASB一樣，均以決策有用、受託責任作為目標。不同之處在於：中國更強調可靠性，要求可靠性必須符合受託責任觀會計的目標。而泰國、馬來西亞和新加坡的概念框架均認同會計信息的決策相關性這一目標，側重於強調決策有用觀。而越南在其第1號會計準則中雖也提及財務報告的目標，但作為一個發展中國家，越南還未形成發達的證券市場，大量的投資行為以直接投資為主，會計系統應以委託人為主要服務對象，向他們報告受託責任的情況，更偏向於以受託責任作為會計目標，決策有用的會計目標尚未完全適合其財務報表的發展需要，因此，越南在概念框架中未予以明確財務報告的目標。

(二) 財務報告信息質量特徵

由於各個國家的經濟環境對會計核算、披露的不同要求，以及概念框架文件形式的不同，各國對財務報告信息質量特徵的要求也不同。泰國、馬來西亞和新加坡都採用了和IASB概念框架相同的可靠性、相關性和可理解性、可比性等財務報告四個主要質量特徵，且對會計信息質量特徵的層次結構做了清晰劃分，其中可靠性和相關性是主要質量特徵，可理解性與可比性屬於次要質量特徵。進而，在可靠性下，劃出如實反應、實質重於形式、中立性、完整性和謹慎性五個次級特徵；在相關性下，進一步解釋了重要性、及時性、效益和成本之間的平衡、

質量特徵之間的平衡等方面的特徵。中國會計基本準則所規定的 8 項會計信息質量要求特徵也基本相同，即可靠性、相關性、可理解性、可比性、實質重於形式、重要性、謹慎性和及時性，但相互之間沒有層次關係。越南會計準則框架則沒有明確提出財務報表信息質量特徵的概念，或者說類似的內容，主要體現於基本準則（包括配比原則、一貫性原則、謹慎性原則、重要性原則）和對會計信息的質量要求（包括真實性、客觀性、完整性、及時性、可理解性、可比性）中。與 IASB 概念框架比較，越南對會計信息質量特徵的要求沒有強調相關性，這與越南沒有制定決策有用的會計目標相一致。

綜上所述，我們可以看到，泰國、馬來西亞和新加坡的概念框架作為一種獨立的純理論性框架，概念性更強，概念之間具有清晰的層次性，內在邏輯嚴密，顯示出理論高於具體準則的特性。而中國的會計信息質量要求所採用的概念範疇，雖與 IASB 基本相同，但並未進一步將概念範疇分出層次。另外，泰國、馬來西亞和新加坡的概念框架強調在提供相關和可靠信息時，要考慮提供信息的收益與成本。但中國沒有類似的規定，這與中國的會計準則本身代表政府的意志，在執行和應用上具有強制力有關。

（三）財務報表要素的確認、計量及其披露

越南、泰國、馬來西亞和新加坡的財務報表要素與 IASB 概念框架大體趨同，包括反應財務狀況的報表要素的資產、負債、權益及反應經營業績的報表要素的收益和費用（包括利得與損失）。中國基本準則規定的會計要素是資產、負債、所有者權益、收入、費用和利潤等。和上述幾國不一樣的地方在於，中國提出了利潤這個範疇，還引入了利得和損失概念。此外，IASB 為了適應經濟環境的發展需要，在財務報表要素中引入了其他綜合收益要素，中國-東盟 5 個主要國家也引入了這一概

念，但暫時未將其正式列入概念框架中。

在財務報表要素確認上，中國-東盟5個主要國家採用了與IASB一致的確認原則。

在財務報表要素計量上，泰國、馬來西亞和新加坡與IASB保持一致，定義了歷史成本、含公允價值在內的現行市價、可變現價值、現值四種計量屬性。按照概念框架的規定：歷史成本構成企業編製財務報表時最常用的計量基礎，歷史成本一般也與其他計量基礎結合使用。和這三個國家相比，中國基本準則定義了歷史成本、重置成本、可變現淨值、現值、公允價值五種計量屬性。概念稍多，而且名稱略有不同，但重置成本這個概念與IASB所定義的現行成本基本是一樣的意思。中國基本準則還強調指出，對會計要素進行計量，一般應當採用歷史成本；只有所確定的會計要素金額能保證取得並可靠計量，才能採用重置成本、可變現淨值、現值、公允價值進行計量。值得特別關注的是，與上述三國的計量屬性相比，中國多了「公允價值」這個計量屬性。該計量屬性進一步完善了會計計量屬性的組成，但運用這個計量屬性，需要較為發達的市場經濟環境，更需要能掌握先進的會計核算手段的高素質會計人員。各方面條件不具備的話，應用公允價值非但不能提高會計信息的相關性，還可能會背道而馳，達不到目的。越南《第1號準則——總則》在基本會計準則中要求財務報表要素採用單一的歷史成本計量，這充分體現了越南對會計計量的可靠性要求，與越南強調會計計量真實、可比和可理解的會計信息質量要求相符合。上述比較表明，中國-東盟主要五國在會計環境上，無疑是存在差異的。

至於在財務報表列報及披露上，中國、泰國、馬來西亞和新加坡則都與IASB基本一致，即財務會計報告＝財務報表＋附註＋其他應當在財務會計報告中披露的相關信息和資料，財務報

表包括資產負債表、損益表、所有者權益變動表、現金流量表。略有差別在於，泰國在概念框架中對財務報表要素的披露未做出明確規定，而在《企業會計準則第1號準則——財務報表列報》中進行規範。和中國、馬來西亞、泰國和新加坡差別更大一些的是，越南也未在概念框架中明確規定財務報表列報及披露，而在《企業會計準則第21號準則——財務報告》中進行了規範，其財務報告＝財務報表＋財務報告說明書，財務報表包括會計平衡表、經營活動成果報表、資金週轉報表，這三大報表雖然與資產負債表、損益表和現金流量表類似，但存在一定差異。越南財務報表還缺少了所有者權益變動表，也就不能很好的評價經營者受託責任的履行情況。

（四）資本和資本保全概念

泰國、馬來西亞和新加坡和IASB概念框架一樣，都有資本保全的概念，下轄財務資本保全和實物資本保全兩個範疇。實行資本保全有利於保護企業各方的利益。在資本充實原則下的財務資本保全，僅屬於會計帳目的保全。但要實行實物資本保全，則必須對實物資產採用現行價值計量，並靈活運用多種會計計量屬性。相比而言，中國提出了多種會計計量屬性，但仍強調各種計量屬性的應用均要以可靠性為前提；也因為經濟發展程度與會計人員素質等諸多制約因素，所以中國基本準則沒有明確提出資本保全的概念。越南也僅採用單一的歷史成本計量，同樣沒有明確提出資本保全的概念。由此可見，與各種會計計量屬性的應用一樣，資本保全概念採用與否，與一定的會計環境有關，受著應用條件的制約。

三、啟示

（一）差異屬客觀存在，趨同乃必然走向

中國、越南、泰國的法律制度都屬大陸法系，同時中國與

越南的社會制度政治制度和泰國的也不盡相同。在此前提下，中國和越南的會計準則直接在國家層面（政府-財政部）制定，屬於典型的集中制模式，會計準則也以行政法規的形式頒發；其基本準則或總則具有類似於 IASB 概念框架的理論指導意義，還具有類似上位法這樣的地位；相較於泰國的會計準則，中國的基本準則和越南的總則具有更高的權威性。而泰國會計準則的制定由非政府機構泰國會計職業聯盟（FAP）制定，準則的審批頒布由政府委託會計監督委員會監管。因此，泰國會計準則的制定機構帶有一定程度的政府色彩，屬於半政府性質。馬來西亞和新加坡同屬普通法系國家，在會計監督上更傾向於行業自律，因此，概念框架對準則理論指導的特點更純粹。此外，5 個國家在政治環境、經濟環境、法律環境、文化環境上，都有很多不同之處。這些不同對制定會計準則的理論基礎都有直接或間接的影響，導致各國之間會計準則出現很多差異。但是，我們從比較中也可發現，各國的概念框架雖有差異，卻又有一些共同的地方。因此，儘管中國與東盟各國包括東盟各國之間經濟發展水準都存在差距，但從國際會計趨同的成果來看，自貿區各國仍然有著較好的會計合作基礎，向區域會計趨同與發展的空間較大。

（二）完善會計信息質量特徵體系，明確其層次結構

會計信息質量特徵體系，意味著其內部的各組成部分（各項質量特徵），相互之間具有內在聯繫，有明確的隸屬關係，因而構成一個整體。從這個要求來看，IASB、泰國、馬來西亞和新加坡的信息質量特徵體系性較強，有較分明的內部層次，內在邏輯也較嚴密。相對而言，中國基本準則所述的八項信息質量特徵更多地表現為彼此獨立、平行並列的關係，尚不能形成一個緊密聯繫的層次結構體，從而各項質量特徵的邏輯關係並

不明確。① 這就是說，我們還需加強會計信息質量特徵體系建設。要分清各質量特徵間的主次關係，梳理劃分層次，形成邏輯結構。應當把相關性、可靠性、可比性與可理解性作為最主要的四種質量要求，及時性、謹慎性、重要性及實質重於形式放在第二層次或下一個層次。在使用順序上各層次的特徵應有所區別，上一層次的特徵具有優先性；不同層次的特徵發生矛盾時，原則上遵循上一層次特徵；若同一層次的質量特徵發生矛盾時，其權衡取捨，要以準則為最終尺度，結合實際來決定。深化會計信息質量特徵，建立起清晰的層次結構，使質量特徵與財會目標之間的聯繫更清晰，不僅有利於實現財務會計的目標，而且能指導具體準則的制定以及會計職業判斷的運用。

（三）擴充會計假設的基本內容

概念框架的權責發生制和持續經營兩個基本假定得到了IASB和中國-東盟主要五國的普遍接受。但是知識全球化、信息網路化時代的到來，急遽改變著會計環境，進而給予傳統的會計假設帶來了很大的衝擊。例如，網路環境下虛擬公司會計主體的界定及持續經營和會計分期的前提條件的變化；跨國經營情況下的會計主體、貨幣計量的變化；劇烈物價變動情況下的貨幣計量前提的變化，都是信息網路化情況下才出現的問題。要適應這些變化，就必須對傳統會計假設的內容進行擴充。因此，十分有必要把虛擬主體納入會計主體假設，擴大會計主體假設的內涵，使其既包含真實主體又包含虛擬主體；宜增加非貨幣計量假設，以其為貨幣計量之補充。

（四）進一步確定會計要素確認和計量標準

按國際通例，會計要素分為存量要素和增量要素。對於存

---

① 趙淑慧. 中美財務會計概念框架比較 [J]. 中國證券期貨，2012，（4）：140.

量要素，中國和東盟各國規定基本相同，增量要素則差異較大，這些內容均體現在利潤表和權益大項目下的具體細目上面。中國現已實行的新會計準則是對 IASB 的趨同，但在會計要素確認與計量方面較簡單，只是在基本準則、具體準則中有所描述規定。從自貿區會計準則趨同的要求而言，我們應以 IASB 最新發布的會計準則作為會計要素確認的基礎，明確確認標準，從理論上對會計要素確認和計量標準，進行具體清晰的闡述。還可以用例證的形式，對各要素的外延進行適當的延伸，以其前瞻性、預見性，為會計準則的修訂，為各種經濟業務的確認和計量的進一步規範，予以理論上的指導。

（五）增加資本保全理論的相關內容

資本保全作為一種資本管理制度，有利於保障投入資本的完整無缺，使資本免受侵蝕，業主權益得到充分維護。資本保全概念的內涵指明了會計主體該如何來確定需要保全的資本；只有超出投入資本的那些部分，才能被確認為企業的收益，才能確認為獲得了利潤。這也就是說，利潤的確認，應當以資本的保全為前提條件。當然，對資本保全觀點的定義不同，使得企業在選擇會計計量屬性時也會有所不同。例如，按財務資本保全觀的理解，資本是一種財務現象並強調保持貨幣資本完整，要求以歷史成本計量資產淨金額；而在實物資本保全觀看來，要保全的則是經濟個體的原有的生產和經營能力，而生產能力和經營能力的計量相應以現行成本作為基礎。由此可以看到，認同什麼樣的資本保全理論，深刻地影響著企業對會計計量模式的選擇，選擇了什麼樣的資本保全理論，也等於採用了企業計算成本、計量收益和衡量資本保值增值的某種依據。資本保全理論的重要性毋庸置疑，但目前中國和越南的概念框架尚未對此有所涉及。中國和越南有必要做出調整和補充，與國際同步，增加資本保全的概念，提升會計信息的相關性，充分發揮

其理論指導意義和實踐作用。

第三節　中國-東盟自由貿易區主要國家會計核算程序的比較

會計核算程序是針對實際經濟業務活動進行會計數據處理與信息加工的流程，包括會計確認、計量和報告等環節。對於任何經濟行為，會計核算的重要性都是不言而喻的。而會計確認、計量和報告作為一種嚴格的程序自有其具體規定，要求採用一系列特定的方法。由於中國-東盟自由貿易區 5 個主要國家的政治、經濟、法律和文化環境的不同，造成各國的會計核算程序也各有異同。

一、中國-東盟自由貿易區主要國家會計確認的比較

關於會計確認的定義，我們採用葛家澍教授《會計學導論》中的描述：「所謂會計確認，是指通過一定的標準，辨認應予輸入會計信息系統的經濟數據，確定這些數據應加以記錄的會計對象的要素，進一步還要確定已記錄和加工的信息是否全部列入會計報表和如何列入會計報表。」[1] 1984 年 12 月，美國財務會計準則委員會在頒發的財務會計概念公告第 5 輯《企業財務報表項目的確認和計量》中全面系統地闡述了會計確認的四項基本標準：①可定義，即應予確認的項目必須符合某個財務報表要素的定義；②可計量，即應予確認的項目應具有相關並充分可靠的可計量屬性；③相關性，即項目的有關信息應能在使用者的決策中導致差別；④可靠性，即信息應如實反應，可驗

---

[1] 葛家澍，劉峰. 會計學導論 [M]. 上海：立信會計出版社，2003.

證和不偏不倚。由此可見，財務會計是由會計確認、會計計量和會計披露構成的經濟信息系統。其中會計確認是這一系統的首要問題，離開會計確認，就沒有所謂的會計計量和會計披露。

　　會計確認是對會計要素項目的確認，即對企業發生的經濟業務交易或事項判斷其是否符合會計要素的定義，並給予確認為一個會計核算項目。隨著經濟業務的複雜化，對其界定也越來越困難，如當前對人力資源資產的確認、對經理人股票期權的確認等仍存在爭議。而隨著會計理論研究的深化與會計實務的發展，很多會計交易或事項的確認也逐步清晰，如對無形資產的確認、對商譽的確認、對衍生金融工具的確認等。會計確認的發展程度可以說代表了會計的發展水準。會計確認同時包括時間確認，即何時記錄和在報表中列示。會計確認基礎主要有兩種：收付實現制和權責發生制。收付實現制是根據貨幣收支時點來確認收入、費用項目列帳時間的，處理較為簡單。早期的會計實務均採用收付實現制，到了17、18世紀，出現了產業革命，工業生產過程逐步複雜，為更有效、合理地記錄企業的經濟活動，權責發生制逐步建立起來，直至目前，企業會計主要採用的是權責發生制。權責發生制是一種應收應付制。權責發生制原則用來確定損益所屬期間，主要從權利已經形成或義務已經發生的期間來進行判斷，而不論款項是否收付。有學者研究，隨著會計目標由受託責任觀向決策有用觀逐步轉變，權責發生制也將要向現金流動制轉變（現金流動制不僅要確認實際已發生的現金收支，還包括目前可能的和未來可能的現金流動，即推擬的現金流動，這是現金流動制與收付實現制的區別）。張慶利（2006）認為，現金流動制徹底擺脫了交易觀的限制，從盤存制的思想出發，在此基礎上確認的會計利潤更接近企業的經濟價值，是最為理想的會計確認基礎。

（一）中國-東盟自由貿易區主要國家會計確認的基本情況分析

1. 中國會計確認的基本情況

（1）從規範性向指導性的過渡。

20世紀前期，中國沒有統一的會計制度，也缺乏共同認可的會計確認基礎，企業界各取所需，有的採用應計基礎，有的採用現金基礎。中華人民共和國成立後，為確立和保障社會主義經濟體制，中央政府在1950年頒布了《中央重工業部所屬企業及經濟機構統一會計制度》，該制度總則的第八條規定：「一切會計事項之處理準則，應以權責發生制為基礎。」自此，我們才有了全國統一的會計制度。在這種由國家以制度的形式頒布執行的大一統制度下，會計確認基礎具有明顯的規範性和強制性特點。此後，這種情況一直延續下來。1993年中國開始執行「兩則兩制」，2006年2月15日後逐步頒布執行《企業會計準則》，亦具有規範性和指導性。首先表現在會計方法選擇範圍的增加。如存貨發出計價、所得稅會計處理方法、固定資產折舊年限、折舊方法的選擇、投資性房地產核算採用成本核算模式或公允價值核算模式的選擇等。其次是增加了會計人員的職業判斷，即會計人員可以按照實質重於形式的原則對會計業務事項進行判斷，再決定會計的確認及其處理方法。比如投資比例雖未到20%，但如果會計人員判斷出該投資已對被投資單位形成重大影響，是可以採用權益法進行會計核算的；又如壞帳準備備抵率的估計，由最初規定為3‰~5‰，到目前由企業自主決定，都體現了現代會計更注重於會計人員的職業判斷。再次是會計的彈性範圍增加，如固定資產折舊年限的規定。最後是會計標準與稅收標準的分離。收入和費用的會計處理標準按會計的理論來確認，與按稅收理論來制定的應納稅所得額並不完全相同，因此造成的差異通過納稅調整來進行。伴隨著經濟全球化的推進和深化以及經濟行為的複雜化，為應對不斷出

現的諸如自創商譽、衍生金融工具等各種新型業務，現金流動制會計理念在會計實務中越來越廣泛的獲得接受並實際運用，會計確認的基礎應由單一的權責發生制發展為權責發生制與現金流動制相結合的混合制。

（2）從基本核算型向經營管理型的轉變。

改革開放前，中國採用傳統的計劃經濟會計模式。採用何種會計模式，是與經濟規模和水準相關的。由於經濟業務內容單一，會計工作也相對簡單地停留於核算日常的應收應付，很少涉及會計確認內容及其他方面的管理問題，核算型會計特徵顯著。20世紀90年代，中國由計劃經濟逐步轉為市場經濟，隨著市場發育的成熟，經濟業務交易或事項發生的多樣性，會計確認越來越複雜，會計不僅要反應傳統的經濟業務和事項，還要核算風險、管理資本市場、管理虛擬經濟體產物，還要使會計信息有利於經營決策使用，這時的會計確認表現為一種經營管理型的特徵。對企業而言，受託責任觀對其影響是客觀存在且深遠的，會計確認應當反應企業內部經營管理考核評價等方面的情況。會計確認的內容包括：①風險的確認。1993年開始對應收帳款、存貨、短期投資和固定資產等四項資產計提減值損失準備；2000年以後，資產減值的確認範圍擴大，除了對應收款項和存貨計提減值準備外，固定資產、無形資產、商譽、長期股權投資、以成本模式計量的投資性房地產等非流動資產可由企業自主確定。②增加了與證券市場、衍生金融工具等虛擬經濟體產物的會計確認。隨著市場經濟的發育成長，與證券市場、衍生金融工具等相關的虛擬經濟體產物也不斷出現，給會計確認提出了新要求。「在中國，20世紀八九十年代，對衍生金融工具的會計處理未做統一，有納入表內核算的，有僅作表外披露的，有不披露的；用的計量屬性也多種多樣，有用歷史成本的，有用成本與市價孰低的，有用公允價值計量的。2006

年公布了與衍生金融工具相關的會計準則主要有四項《企業會計準則第 22 號——金融工具確認與計量》《企業會計準則第 23 號——金融資產轉移》《企業會計準則第 24 號——套期保值》《企業會計準則第 37 號——金融工具列報》，全部採用了國際會計準則 IAS32 和 IAS39 的相關規定。」也就是說，以前中國對期貨、認股權證等衍生金融工具一般並不進行會計確認，有些僅作為表外披露，2006 年公布一系列準則後，有了對這些項目的會計確認。③進一步理順資本化或費用化項目。如在自創無形資產方面，2006 年以前，自創的無形資產以費用化為主，資本化的部分僅是其依法取得時發生的註冊費、聘請律師費以及相關的支出。2006 年，中國頒布了《企業會計準則第 6 號——無形資產》，企業內部研究開發項目的支出，應當區分為研究支出與開發支出，對於研究支出最終確認為「管理費用」，即費用化；對於開發支出，符合確認條件的支出確認為「無形資產」，即資本化。這一確認原則，更符合那些高科技企業、研發支出較大企業的特點，能更恰當地反應其財務狀況和業績水準。利用會計政策促進企業經營管理水準提升，助力企業自主創新和技術升級，出現了以往所沒有的管理型特點。2006 年頒布的《企業會計準則第 17 號——借款費用》則進一步規範了借款費用在對固定資產、無形資產、存貨及投資性房地產等方面資本化的會計確認和計量。會計確認的這些變化，使中國的會計標準與國際會計準則高度一致。④對某些成本費用的確認體現了企業的社會責任，兼顧了社會和諧發展。例如，企業將預計環境恢復等棄置費用確認為預計負債，將政府補助確認為遞延收益或當期損益等，即表明社會責任的概念進入了企業會計系統。會計確認確實帶有突出的經營管理型特徵。

（3）會計的確認基礎也從權責發生制向現金流動制轉化。

「受託責任觀下權責發生制的出現否定了收付實現制，隨著

會計目標轉向決策有用觀，於是現金流動制便應運而生。現金流動制是對收付實現制和權責發生制的一種批評和繼承，面向決策有用觀的現金流動制要求採用公允價值計量。」也就是說，現值、公允價值在會計確認、計量和報告上的運用，其實已證實了會計的核算轉變成了一種新的核算基礎——「現金流動制」。這種觀點雖然還缺少足夠的理論支撐，但至少在部分會計項目上是正確的。

（4）國際準則趨同與中國特色並存。

傳統的計劃經濟時代，商品經濟成分極少且不活躍，會計確認也相對簡單。市場經濟發展起來後，規模也越來越大，經濟業務日趨複雜，舊的會計制度已不能適應現實的發展變化。隨之而來的經濟全球化，更對改革會計制度提出了迫切要求。自1978年中國開始實施改革開放政策之後，不斷有大批外資企業進入國內市場。為應對不斷變化的新經濟環境，1985年中華人民共和國財政部頒布了首部參照國際慣例的《中華人民共和國中外合資經營企業會計制度》。1992年，中國開始建立中國特色的社會主義市場經濟，為適應逐步多元化的經濟成分，該年財政部又頒布了《中華人民共和國外商投資企業會計制度》。該制度在確認與計量的具體規定中進一步援引了國際會計準則。這裡面體現出中國的會計確認已逐漸與國際趨同，但同時又保留了更多自己的特色。舉例來說，為防止企業利用會計準則相關規定來操控利潤，對公允價值採用適度引入的原則、對部分資產減值損失一經確認不得轉回、對關聯方關係的確認上認為僅受國家控制而不存在其他關聯方關係的企業不構成關聯方等，其中的中國特色是鮮明的。

2. 越南會計確認的基本情況

（1）從簡單、高度統一向複雜、規範指導並重轉變。

1988年以前，越南經濟成分主要為國營經濟，經濟業務相

對較簡單，會計系統的建立主要服務於國營經濟的管理和統計的需要，因此也相對簡單。後來，隨著越南實行改革開放政策，市場經濟的逐步建立，越南政府頒布了《會計法》《會計和統計法令》《企業會計制度》《企業會計準則》等法規，越南的會計系統逐步完善起來。首先，會計科目的多樣化。1970 年 12 月由越南財政部頒布的《統一會計科目系統》中，所有的會計科目只有 67 個，而且是專門設計為國營事業單位使用的，連有關稅收的科目都沒有明確，只用了「國家財政結算」科目籠統代表國家財政補貼和應繳稅收等。在 2006 年 3 月財政部頒布的《企業會計制度》中，會計科目增加到了 86 個，很多資產、費用科目得到細化，增加了各項減值準備、無形資產、有關稅收科目、借款、投資款等科目，更符合市場經濟的特徵。其次，核算方法的規範化和具體化。在 1989 年 3 月由部長議會頒布的《國家會計組織條例》中提到，會計是以價值、現物和勞動時間核算、記錄資產及生產經營過程、結果的工作，其中「價值」是主要的核算方法，這一階段的會計核算方法較簡單、籠統。在後續出抬的政策中，「現物」和「勞動時間」的核算方法逐漸被捨棄，從 2001 年陸續頒布《企業會計準則》後，各種核算項目的具體準則出抬，項目的確認、再計量等方法有了具體的規定，如發出存貨的三種方法，固定資產的三種折舊方法，租賃的分類和核算，聯營、合營等的權益核算等。最後，會計規範從具體硬性要求到有指導性應用的轉變。因早期經濟業務比較簡單，為實現會計和統計的一致性，越南在早期的會計法律規範中都規定了具體的核算方法，包括需要統一使用的庫存出入庫、銷售、各種收入及支出等表格格式，基本沒有其他選擇性；後期越南會計制度和會計準則並行後，為應對經濟業務的複雜化，很多核算方法都有選擇性，統計表格等只作為樣表提供參考，不再硬性規定應用。

（2）越南會計確認以核算型會計為特徵，經歷了本國化向國際化的轉變。

越南是一個農業大國，工業相對落後，在經濟發展中也主要是以傳統的產業經濟為主，也就決定了該國核算型會計的特徵。1986年越南實行改革開放政策，開始建設社會主義市場經濟。通過引進外商投資，建立資本市場，越南市場經濟不斷發展，貿易額不斷擴大，加入東盟、亞太經合組織和WTO等更促進了越南經濟和會計的發展逐步趨向國際化。首先，越南會計增加了對風險的確認。越南政府頒布的26項《企業會計準則》具體準則中，規定了短期投資減值準備、應收帳款減值準備、存貨減值準備、長期投資減值準備等的計提條件和方法等。第18號準則更是單獨對「準備、或有資產、或有負債」進行了規定，以正確反應財務狀況。其次，國際化進程中會計確認項目相對缺乏。越南政府從2001年開始計劃逐步引進國際會計準則系統，直接實現會計的國際趨同，且制定的越南準則系統跟國際會計準則系統高度的融合。但越南的經濟發展仍比較落後，證券市場不夠發達，虛擬經濟體產物應用並不廣泛，在對非貨幣性資產交換、資產減值、股份支付、金融工具等的確認和核算等方面仍無具體準則進行規範。最後，會計確認的計量屬性由單一的實際成本計量模式向多種計量模式並存轉化。2001年以前，越南社會經濟發展落後，經濟業務簡單，主要以實際成本計量為主，20世紀90年代以前有些還以「現物」和「勞動時間」為計量基礎。隨著經濟的發展和業務的複雜化，簡單的「現物」和「勞動時間」等原始的計量方法已逐漸不適應經濟的發展，隨著越南會計準則的頒布，以「原價」（實際成本或歷史成本）為核心，引進公允價值、現值等計量屬性使會計確認項目更加合理、真實地表現經濟的現實狀況。

3. 泰國會計確認的基本情況

（1）由英國模式到美國模式，並逐漸與國際慣例趨同。

泰國會計準則原借鑑英國會計模式，隨著英國衰落、美國的崛起，美國在政治、經濟、軍事等方面取代英國，成為對泰國決定性影響的最大西方國家，這種格局也導致了泰國會計逐步向美國會計模式轉換。到了 20 世紀 70 年代中期，泰國會計準則委員會開始廣泛借鑑國際會計準則、美國和其他一些國家的會計準則，制定本國的企業會計準則。在不斷增多的會計確認項目中，不少項目都直接採用國際會計準則，並隨著國際會計準則的變更進行修訂。泰國 1993 年發布的《會計準則第 6 號——收入的確認》、2000 年生效的《會計準則第 48 號——金融工具：揭露和列報》、2011 年生效的《會計準則第 28 號——在惡性通貨膨脹經濟中的財務報告》都直接援引國際會計準則，這表明泰國政府在國際經濟環境日趨複雜的態勢下，不斷做出調整，其會計準則由此不斷向國際慣例趨同。

（2）由核算型向管理型轉變。

儘管泰國至今還是農業型國家，但自 20 世紀 60 年代初開始，泰國政府就決定實施工業化戰略，通過實施一系列改革經濟的方針政策，推動泰國向工業化國家轉型。經過二十餘年的發展，泰國是否已成為新興工業化國家，雖然仍不乏爭議，但向工業國家轉型的步伐，也推動了泰國會計確認從核算型向管理型轉變。第一，泰國的會計確認出現了對風險的確認。泰國《會計準則第 36 號——資產減值》規定：除存貨、金融資產和長期建造合同等部分資產外，當企業資產出現減值時，應當確認為資產減值損失，以準確地反應財務狀況。第二，新增了對金融衍生工具的確認。金融衍生工具是國際金融市場的發展產物，從金融發達國家或地區不斷向全球市場蔓延滲透。最初，泰國並未對金融期權、期貨、遠期合約等各類金融衍生工具高

度重視，沒有按國際會計準則要求那樣，對這些金融產品進行確認，或未做充分披露。這也是1997年亞洲金融危機中，泰國首先受到攻擊並損失慘重的原因之一。之後，泰國吸取教訓，加強了對金融工具的風險管控，2000年頒布實施《會計準則第48號——金融工具：披露和列報》，直接遵循國際會計準則IAS32的規定，新增了對衍生金融工具的確認，並對金融工具表內和表外信息的呈報做出了相關規定。第三，泰國提高了對謹慎性原則的重視程度。這表現為泰國政府對新政策的實施極其謹慎，大凡國家級的發展戰略或者方案的制定和實施，都要經過辯論和議會的批准等多個階段，以致方案從擬訂到實施通常要一年左右。具體到會計法規的制定上，在會計確認或其他實務操作上，也都極其強調謹慎性原則。這充分表明，泰國會計確認政策開始由核算型向管理型轉變。

4. 馬來西亞會計確認的基本情況

（1）由英國模式向國際會計準則趨同。

馬來西亞曾有很長的一段歷史時期淪為西方國家的殖民地，馬來西亞政治、經濟和文化都深受曾經的宗主國影響。其中，英國殖民者對馬來西亞的影響最大，因而馬來西亞的會計準則也曾以英國會計模式為藍本。1979年馬來西亞加入了國際會計準則委員會，在會計國際化方面也走在了東盟各國的前列。從2007年開始，馬來西亞邁出將本國財務報告準則與國際財務報告準則趨同的步伐，並從2012年1月1日起，完全接受IFRS，這意味著馬來西亞的會計確認與國際財務報告準則完全趨同。

（2）會計確認以管理型會計為特徵。

20世紀中葉馬來西亞獨立後，結合本國的國情，馬來西亞開始走工業化和多元化的發展道路，並根據經濟發展的需要及時調整具體的發展方向，使馬來西亞成為東南亞新興的工業化國家。這就決定了馬來西亞會計確認以管理型為特徵，主要表

現為以下兩點：第一，對風險的確認。《財務報告準則第 136 號——資產減值》中規定：當資產出現減值時，要求企業確認資產減值損失，以準確地反應財務狀況。第二，新增了對金融衍生工具的確認。在 1997 年發生的亞洲金融危機席捲之下，馬來西亞經濟未能獨善其身，損失慘重，經濟下行嚴重。為挽救危局，馬來西亞政府實施擴張性財政貨幣政策，加強對金融工具的風險管理，出抬了《財務報告準則第 139 號——金融工具：確認和計量》，該準則直接沿用國際會計準則 IAS32 的規定中確認衍生金融工具的內容，並對金融工具表內及表外信息呈報予以明確規定。

5. 新加坡會計確認的基本情況

（1）由英國模式向國際會計準則趨同。

新加坡受英國殖民 100 多年，其政治、經濟和文化都深受英國影響。1987 年，基本沿用英國的會計準則和新西蘭部分會計準則。1987 年以後，新加坡實行重大會計改革，取消了會計協會，成立註冊會計師協會（ICPAS）。註冊會計師協會在 1987 年根據新加坡的經濟情況，以國際會計準則為藍本，出抬了新加坡的會計準則。2002 年至今，新加坡一直採用 IASB 的概念框架，因此，新加坡的會計確認也與國際會計準則保持一致，這反應了新加坡與國際會計準則的趨同。

（2）會計確認從靈活機動向完全趨同轉變。

新加坡為了吸引國外公司投資和上市，也為了不給企業增加不必要的成本，同時還要保護投資者的利益，新加坡交易所已允許國外上市公司採用新加坡交易所認同的可選擇的 IFRSs、GAAP、FRS 會計準則。如在美國上市的非新加坡公司到新加坡上市時，新加坡允許採用美國公認會計原則（GAAP）而不調整為新加坡的會計準則。因此，對於新加坡的上市公司，如果它們在國外上市並要求採用不同的會計準則，只要該準則在新加

坡交易所允許的範圍內，就可以不採用新加坡的 FRS。新加坡的這種會計確認做法靈活機動，適應經濟發展需要。2014 年 8 月，新加坡會計準則委員會宣布，在新加坡交易所上市的股份有限公司將在 2018 年與國際財務報告準則完全相同，這意味著新加坡會計確認與國際財務報告準則全面趨同。

(二) 中國-東盟自由貿易區主要國家會計確認的比較

1. 與國際會計準則趨同程度和開始時間的比較

中國-東盟 5 個主要國家在會計確認方面的相同之處：一是都以權責發生制為基礎，二是都從核算型向經營管理型進行轉變，三是都開始與國際會計準則接軌。不同在於這種趨同的開始時間及程度不同。

1978 年以前，中國實行計劃經濟，會計模式相應地採用蘇式會計風格，具有高度統一的特點。在會計確認上，主要面向政府，呈現出鮮明的計劃經濟底色。改革開放之後，隨著社會主義市場經濟逐步建立和不斷發展，對外經濟貿易不斷擴大，外資、合資企業也不斷增多，中國的會計確認已進入以經營管理型確認為主的階段，全面核算風險，充分確認由資本市場、虛擬經濟體伴隨而生的各項會計要素及其項目，較廣泛地使用更有利於經營決策的公允價值、現值等計量屬性。中國會計確認的國際化起步較早，國際趨同程度卻弱於馬來西亞和新加坡，但這種趨同的趨勢是必然的，中國的步伐已經邁出，而且會迅速推進。

越南的會計確認目前還處於以核算型會計確認為主的階段，著重於對傳統經濟業務項目的確認，雖對風險有所核算，但並不充分。由於市場經濟發育並不成熟，資本市場、虛擬經濟體產物的出現並不廣泛，尚無相應的項目確認規定。會計計量上側重於有利於反應履行受託責任的「原價」（實際成本），公允價值、現值雖有引入，但運用並不廣泛。

泰國會計模式原先受英、美影響，故其會計確認也帶有英、美的特點。1997年亞洲金融危機讓泰國深受其害，於是泰國會計學者認識到原來的會計準則已不能充分反應企業的財務狀況，必須進行會計制度改革。泰國與國際會計準則趨同的會計改革由此開始。就目前來看，與中國相比，泰國會計準則向國際會計趨同程度更高，其中有的條款幾乎是直接移植國際會計準則的。泰國之所以在會計確認向國際接軌方面較中國更容易，或許與近現代以來泰國的政治、經濟、法律制度，受西方國家影響更深密切相關。

馬來西亞曾是英屬殖民地，新加坡則從馬來西亞獨立出來，所以兩國的政治、經濟和文化一樣深受英國影響，兩國與國際會計準則趨同程度和開始時間較其他東盟國家更高且更早。從2007年開始，馬來西亞就已經將財務報告準則與國際財務報告準則等同；2012年之後，馬來西亞適用的會計準則實現了與國際財務報告準則全面趨同；2016年馬來西亞會計準則委員會（MASB）對馬來西亞私營實體報告準則（MPERS）進行有限修訂，並於2017年1月1日及其後的期間開始生效，這是馬來西亞私營實體或中小企業準備融入全球化進程中的重要一步。新加坡註冊會計師協會在1987年根據新加坡的經濟情況，以國際會計準則為藍本，出抬新加坡的會計準則。2002年至今，全面參照國際財務報告準則，2012年新加坡所適用的會計準則也與國際財務報告準則全面趨同。

2. 對會計六大要素確認的比較

對會計六大要素確認，中國遵循《企業會計準則——基本準則》，越南遵循《第1號準則——總則》，泰國、馬來西亞和新加坡遵循《編製和呈報財務報表的框架》，關於會計確認定義及會計要素總體確認原則5個國家基本一致，然而對會計六大要素的具體確認各有異同。5個國家反應財務狀況的要素相似，

均包括資產、負債及所有者權益。資產和負債的確認方面，從定義到確認條件上基本相同，不但需要滿足資產、負債定義的三個特徵，而且還必須滿足確認的兩個條件，與國際會計準則大體相同；對所有者權益的確認方面，5個國家都以企業資產扣除負債後的餘額為標準，且要求同時滿足定義標準、可靠性標準、相關性標準及經濟利益可計量性標準。但反應經營成果的要素存在差異，中國因為使用習慣和一直強調利潤的原因，單獨設置利潤要素。收入和費用的確認只包括日常活動中產生的利得和損失，而不包括非日常活動中產生的利得和損失。而越南等其他4國則遵循IASB的概念框架，沒有將利潤要素作為一項會計要素單獨定義。而且這幾個國家收益的定義都包括收入和利得，費用的定義涵蓋日常經營活動中發生的費用和非日常活動中產生的損失，與中國不一樣，可見這幾國的收益和費用的確認屬廣義範圍。資本和資本保全概念對收益、費用的確認和計量存在一定程度的影響。對於資本保全，除了中國和越南，其他3國都將其作為一項會計要素單獨定義。

（三）加快中國-東盟自由貿易區主要國家會計確認趨同的建議

1. 尋找公約數，加快與國際趨同

任何國家在頒布施行的法律、法規時，其根本都是為本國服務的。中國-東盟自由貿易區各國會計法律、法規當然也以服務於本國經濟為最高目標。由此，也出現了各國會計確認上的不同。這種不同，在自由貿易區的環境下，就有可能帶來一些不利的影響。要在政治經濟社會制度不同的情況下，在各國經濟發展水準不一的條件下，推動區域內會計確認趨同，找到一個超越於各國之上的一種模式，可以將國際會計準則作為藍本，各國在此基礎上，求同存異，盡可能達到協調統一。同時，中國與東盟各國需加強溝通，互相借鑑。從中國的角度看，泰國、

馬來西亞和新加坡等國會計準則制定的程序、內容上都以國際會計準則為參考，也參考周邊國家，同時根據變化適時修訂現有準則，這是值得我們借鑑的。另外，在會計師事務所管理方面，允許內外聯合，設立國際合作會計師事務所等，也可為我們所借鑑。

2. 同步推動會計確認向管理型方向發展

當代科學技術的快速發展，催生了會計電算化。電算化的優勢非常明顯，使會計核算工作量大大減少，極大地解放了會計人員。然而會計電算化帶來的改變不僅是表面的，最關鍵的改變在於獲得解脫的「帳房先生」，開始參與到企業的管理活動中；這種參與，客觀上推動會計職能從核算型逐步向管理型轉變。

經營管理型的會計確認是世界會計發展的必然趨勢。隨著市場經濟的發展和會計理論與會計實務的發展，隨著公司結構的系統化、複雜化和業務往來的頻繁性，在會計確認方面，越來越顯示出管理型的特點。對於1997年亞洲金融危機的直接受損者和2008年世界金融危機波及者而言，想要提升內功，以避免類似危機的傷害，其中很重要的措施和途徑就是要推動會計確認向管理型發展。當然，不止東盟各國如此，中國也應向這個方向發展。

3. 加大東盟財經人才培養力度

加快中國-東盟自由貿易區主要國家會計確認趨同，人才是關鍵。作為自由貿易區的一方，中國在東盟財經人才的供給方面應當發揮重要作用。就當前來看，我們的會計人才是很豐富的，但問題在於瞭解東盟國家會計的人才很少。要促進自由貿易區各國經貿往來，我們必須加大對東盟會計人才培養的力度。首先，在打好會計專業知識基礎的同時，要加強對東南亞經濟貿易方面的知識的掌握。要研究東盟各國會計，掌握各國相關

的經濟制度、經濟法規、稅收政策等方面的知識。其次，要開展「雙語」甚至「三語」教學，除漢語、英語之外，同時還應研修越南語、泰語、馬來語等東盟國家的語言，使學生熟練掌握多種語言。目前，中國對東盟各國會計相關的法律法規缺乏瞭解，翻譯過來的文獻也不多，這正是造成我們不熟悉東盟各國會計的重要原因。會計人才自身掌握東盟國家語言，不僅對於學術研究，對於雙邊經濟合作有一定的幫助，而且對於自由貿易區會計準則趨同，也有很大的促進作用。最後，加強對東盟會計人才的職業素質培養。每個行業都要求具有特定的素質，東盟會計人才也不例外。中國-東盟各國的會計趨同，則對各國會計人員的素質提出了新的，也是更高的要求。會計人員必須非常熟悉自由貿易區各國的會計制度，也要充分理解國際會計準則的具體要求；不能故步自封，要大膽學習借鑑和探索，在不斷發展變化的世界經濟環境下，齊心協力、出謀劃策，共同推動中國-東盟各國會計確認的趨同。從這樣的要求來看，對東盟會計人才的培養，就顯得非常迫切了。

二、中國-東盟自由貿易區主要國家會計計量的比較

會計計量是用貨幣金額或其他量度單位表示各項經濟業務及其結果，是把符合條件的會計要素登記入帳，予以確定金額並列於財務報表的過程。在以會計確認、計量和報告構成的財務會計系統中，會計計量是一個重要環節，會計確認和財務報告都離不開會計計量。會計計量模式一般包括兩個部分：一是計量單位，是指以各國、各地區的貨幣進行價值計算的單位，如中國境內，應以人民幣為計量單位作為記帳本位幣和報表貨幣。除非發生惡性通貨膨脹或通貨緊縮，一般都用貨幣的當前面值進行計算，即名義貨幣。二是計量屬性，是指按不同的時間來區分所採用的計算價格。計量屬性反應的是會計要素金額

的確定基礎，即按什麼標準來記帳。計量屬性和計量單位的不同組合可以產生多種會計計量模式，由於不同的會計信息使用者對會計信息的需求會不同，因此，計量模式的選擇也會不同。不同的會計計量模式所反應的經濟狀況和結果不僅存在金額上的差異，還會產生其他的經濟後果。

（一）中國-東盟自由貿易區主要國家會計計量的基本情況分析

1. 中國會計計量的基本情況

（1）歷史成本長期統治。

在中國幾千年的會計發展史中，歷史成本計量占絕對的統治地位，人類早期的「刻木記事」正是人們力圖真實的反應和記錄各項活動的行為，強調所記數目要與實際數目相等，可將此視為會計計量的萌芽。據《孟子‧萬章下》記載：「孔子嘗為委吏，曰：會計當而已矣。」即孔子在主管倉庫會計時體會到對會計事項的計算和記錄要正確無誤，所記數字與財產物資的實際數目要相符合等。當然在古代，會計簿記還僅以實物作為計量單位，與現代的歷史成本不可同日而語，但其與強調按「取得或購建時發生的實際成本進行核算」的核心觀念是一致的。1992年在中國頒布的《企業會計準則——基本準則》中規定：歷史成本原則是指企業的各種資產應當按其取得或購建時發生的實際成本進行核算。所謂歷史成本，就是取得或製造某項財產物資時所實際支付的現金及其他等價物。該準則雖未對會計計量屬性予以明確規範，然而提及了歷史成本計量屬性，要求對企業資產、負債、所有者權益等項目計量，應當基於經濟業務的實際交易價格或成本，而不考慮隨後市場價格變動的影響。由於歷史成本計量反應了客觀事實，並且具有可驗證性，所以，長期以來它能夠一直處於統治地位。

(2) 公允價值「不幸夭折」。

隨著全球經濟一體化的加快發展，作為國際商業語言的會計改革也隨之加快，歷史成本很難證明其現在的實際價值，以歷史成本為主的傳統會計計量模式難以適應經濟的快速發展，改革勢在必行。1998 年 6 月，中國公布的《企業會計準則——債務重組》開始使用公允價值計量，先後在《投資》《關聯方關係及其交易的披露》《非貨幣性資產交換》《租賃》等相關準則中運用。但讓人始料未及的是，1998—2000 年，由於中國市場經濟尚未完善，缺乏活躍市場，公允價值往往難以準確取得，致使企業在運用這些準則時主觀隨意性大，反倒成為某些企業操縱利潤的手段。2001 年財政部重新修訂了《投資》《非貨幣性資產交換》《債務重組》等五個會計準則，改按帳面價值入帳，明確迴避了公允價值計量，首次在中國使用的公允價值「不幸夭折」。

(3) 多種計量屬性「春風吹又生」。

隨著中國金融業的發展和逐步開放，各式各樣的金融工具在中國金融市場上猶如雨後春筍般出現，提供當前以及未來的價值比過去的價格對投資者來說更有意義。從 2005 年認股權證、債券遠期交易、資產證券化產品等的出現，到 2010 年股指期貨的上市交易。這些金融產品的初始計量、後續計量、期末估值等採用公允價值計量已不可迴避。會計學採納了經濟學的觀點，開始將資產定義為「未來的經濟利益」，於是相應的資產計量也越來越多地考慮到公允價值，公允價值也越來越受到關注。國際趨同下公允價值計量在中國會計準則中的廣泛應用，公允價值計量的引入，合理的彌補了歷史成本的不足。

2006 年中國發布的《企業會計準則——基本準則》中規定：企業在對會計要素進行計量時，一般的做法是採用歷史成本，而採用重置成本、可變現淨值、現值、公允價值計量的，

應當要保證所確定的會計要素，其金額能夠取得且能可靠計量。由此可知，新的準則取消了「歷史成本原則」，增加了「會計計量屬性」一章，構造了一個以「歷史成本」為核心，與重置成本、可變現淨值、現值和公允價值等計量屬性並存的混合計量模式。中國執行新會計準則後，對會計要素確認與計量的規定相對簡單，且零散見之於基本準則、具體準則之中。在五種並存的會計計量屬性中，根據基本準則、具體準則，各個會計對象所適用的會計計量模式分析如表 4-4 所示。

表 4-4　　　　中國會計計量模式的現實選擇

會計對象	會計計量模式
非指定的資產、負債和所有者權益項目	歷史成本
非流動資產（含生產期一年以上的存貨）通過融資性質取得時	現值
權益性質的金融資產、金融負債、衍生金額工具，交易性金融資產、負債	公允價值
債券性質的金融資產、金融負債	歷史成本，再計價為攤餘成本
投資性房地產	歷史成本模式或公允價值模式
具有融資性質的收入	現值
債務重組	公允價值
具有商業實質且公允價值可計量的非貨幣資產交換	公允價值
固定資產、無形資產、應收帳款、存貨、投資等期末計價確認資產損失時	現值或可變現淨值
固定資產盤盈、企業重組估值	重置成本

2. 越南會計計量的基本情況

(1) 單一實際成本計量模式階段。

在2001年以前，越南會計是以單一實際成本作為核算原則。在1989年3月由越南部長議會頒布的《國家會計組織條例》中提到，會計是以價值、現物和勞動時間核算、記錄資產及生產經營過程、結果的工作，其中「價值」是主要的核算方法。由於現物、勞動時間等計量模式過於模糊，不能確切表現其物品的經濟價值，而很少使用。在2003年6月頒布的《會計法》中規定資產的價值按照「原價」計算，「原價」包括購買、裝卸、運輸、安裝、加工的支出，以及直到物品進入可使用狀態的其他直接相關費用。會計單位不得自行調整已經入帳的資產價值，除非法律另有規定。「原價」實際上指的就是實際成本計量模式。

(2) 以「原價」計量為核心，適當引入公允價值、現值計量屬性的階段。

21世紀初越南經濟大飛越，隨著加入東盟、亞太經合組織和WTO等國際經濟組織，越南對會計國際化的要求越來越高。經濟業務的創新及複雜化使得單純的實際成本計量模式已無法滿足管理的需求。2001年以來，越南政府參照國際會計準則系統建立了一套在全國範圍內應用的企業會計準則系統，其中《第1號準則——總則》中規定的七項會計原則中有一項為「原價」原則，該原則規定「資產應當按原價入帳。資產的原價按已付或應支付的現金或現金等價物計算或按入帳當時該資產的合理價值計算。資產的原價除有具體的會計準則另有規定外，一般不得改變」。「原價」原則實際上指的是會計確認項目的「入帳價值」，也就是中國會計中所說的實際成本或歷史成本。對於「原價」計量原則每項具體準則都有具體的解釋，如《第3號準則——有形固定資產》中規定，「應按原價確定有形固定資產的初始價值」，又根據5種不同的情況確定其「原價」，其

中在「以交換形式購買的有形固定資產」的情況下，如交換具有商業實質，「原價」即按「用以交換的資產」或「換回資產」的「合理價值」（即「公允價值」）計量；如交換不具商業實質，則「原價」按「用以交換的資產」或「換回資產」的「殘值」（即實際成本中的「攤餘價值」）計量。總體來說，越南已頒布的 26 個會計準則中「原價」的含義涵蓋了以「實際成本」計量為核心，輔助於修正制度和適當引入了公允價值、現值計量屬性的計量模式。修正制度主要是存貨、固定資產、不動產投資等項目在資產負債表日應按其可變現淨值進行再計價，計提相應的減值損失。適當引入公允價值、現值主要是針對併購、非貨幣性資產交換業務等特殊的交易或事項進行的計量。按目前的越南會計準則歸納，各會計對象所適用的會計計量模式如表 4-5 所示。

表 4-5　　　　越南會計計量模式的現實選擇

會計對象	會計計量模式
存貨、固定資產、不動產投資等資產	實際成本
存貨、固定資產、不動產投資的再計價	可變現淨值
併購的無形資產、商譽、捐贈的物品、有形資產、無形資產等	公允價值
可確定的將來收入、具有融資性質的資產及負債	現值
具有商業實質且公允價值可計量的非貨幣資產交換	公允價值
不具有商業實質的固定資產、無形資產交換	殘值（即實際成本中的「攤餘價值」）

3. 泰國會計計量的基本情況

(1) 四種計量屬性並存，唯缺公允價值。

泰國會計行業聯合會（FAPT）於2004年成立，同年頒布了《會計職業法》（The Accounting Profession Act B. E. 2547）。按《會計職業法》的界定，計量是指為了在資產負債表和損益表中確認和計列有關財務報表的要素而確定其貨幣金額的過程，這一過程涉及具體計量基礎的選擇。財務報表可以在不同程度上以不同的結合方式採用一系列不同的計量基礎。它們包括：①歷史成本。資產是按照購置它們時所付出的現金或現金等價物的金額，或是按照作為購置它們的報酬所付出的公允價值加以記錄的。負債是按照在債務交換中所收到的收入金額，或是在某些情況下按照在正常業務過程中為償還負債預計所要付出的現金或現金等價物的金額加以記錄的。②現行成本。資產是按照目前如要購置相同或類似資產將必須支付的現金或現金等價物的金額加以記載的。負債是按照目前結算債務所需要的現金或現金等價物已經貼現的金額加以記載的。③可變現（結算）價值。資產是按照在正常處置過程中銷售該項資產目前可以獲得的現金或現金等價物的金額加以記載的。負債是按照它們的結算價值，即在正常業務過程中結算這些負債所要支付的現金或現金等價物的未經貼現的金額加以記載的。④現值。資產是按照在正常業務過程中預期這一項目可以產生的未來淨現金流入的現行貼現價值加以記載的。負債是按照在正常業務過程中結算負債預期需要的未來淨現金流出的現行貼現價值加以記載的。（說明：以上內容是根據本書主持人從個人渠道獲得的泰國《會計職業法》中的相應內容整理而來）

除了定義四種計量屬性外，泰國《會計職業法》還規定將歷史成本作為企業在編製財務報表時的一般性計量基礎，其他計量基礎要結合歷史成本來使用。比如，在計量存貨時，通常

按成本和可變現淨值中較低的那個來列示。還有，企業為了解絕非貨幣性資產價格變動的問題，可能會採用現行成本基礎，用以彌補歷史成本會計模式的缺陷。在四種並存的會計計量屬性中，各個會計對象所適用的會計計量模式分析如表4-6所示。

表4-6　　泰國會計計量模式的現實選擇

會計對象	會計計量模式
退休金負債	現值
存貨	成本和可變現淨值中的低者
無形資產的初始計量	歷史成本或可變現淨值
不動產、廠房和設備的初始計量	歷史成本
投資性房地產初始計量	歷史成本
有價證券	現行成本
非貨幣性資產	現行成本

（2）金融危機對會計計量的影響。

2008年美國出現了金融危機，泰國的經濟受美國經濟影響較大，在這樣的背景下，泰國參照美國會計準則著手修改本國會計準則。其中一個重要的舉措是引入了FASB第五號公告中規定的五種計量屬性即歷史成本、現行成本、現行售價、可變現淨值以及未來現金流量現值。其中現行成本相當於重置成本，即在現在重新取得同樣的資產所付出的價值；現行售價是指現在出售所獲得的價值。

（3）全面採用IFRS，公允價值開始引入。

近年來，泰國會計行業聯合會（FAPT，泰國的會計準則制定機構）正在大力推動IFRS的全面採用，並將其作為泰國財務報告準則（TFRS）。目前，除特定行業準則（如保險合同、農業以及金融工具準則）外，TFRS基本上逐字翻譯了IFRS（2013

年合訂版）。FAPT宣布從2016年1月1日起，採用IFRS（2015年合訂版），金融工具準則除外。從2017年1月1日起，採用IFRS（2016年合訂版），其中金融工具準則將於2019年開始採用，但鼓勵企業提前採用該準則。這就意味著到目前為止，泰國除金融工具外，其他準則已與國際財務報告準則一致，會計計量中的公允價值也已於2013年1月1日開始正式引入。

4. 馬來西亞、新加坡會計計量的基本情況

（1）與IASB的概念框架保持一致，四種計量屬性並存。

馬來西亞、新加坡與IASB的概念框架一樣，定義了四種計量屬性，即歷史成本、現行成本、可變現（結算）價值、現值。雖然馬來西亞、新加坡所規定的計量基礎中沒有把「公允價值」納入其中，但在實踐中對公允價值計量屬性的採用較為廣泛。現行成本實質上與中國所定義的重置成本是一樣的。

（2）公允價值是與歷史成本並列的計量模式。

從對計量屬性使用的限制來看，馬來西亞、新加坡在「框架」中規定將歷史成本作為企業編製財務報表的計量基礎，但對其他方法的選用並未做任何限制性規定。也就是說，馬來西亞和新加坡允許企業自主決定選擇成本模式或公允價值模式；而在能夠持續獲得公允價值的前提下，則更傾向於鼓勵企業採用公允價值計量模式。

（二）中國-東盟自由貿易區主要國家會計計量的比較

1. 會計計量的規範有差異

會計是長期社會實踐的產物，所以不可避免地會受特定社會政治、經濟、文化、會計發展水準、會計人員素質等因素的影響，進而表現出了一定的差異性。中國和越南的會計準則由財政部制定頒布，屬於典型的政府集中制模式。那麼基本準則或文件不但具有類似於概念框架的理論指導意義，而且本身也兼具上位法這樣的地位。在新加坡，2002年之前的會計準則還

不具有法律效力；從 2002 年起會計準則制定機構由民間機構轉為官方機構，該年新修訂出抬的《公司法》則標誌著新加坡財務報告準則及其解釋開始具有法律效力。與此相應，基本準則中規範的會計計量屬性也具有同等地位。而泰國和馬來西亞的會計準則由非政府機構制定，準則的頒布形式為執業守則，屬於財務概念框架規範的會計計量雖呈現出一定程度的官方色彩，但歸根究柢還只是半政府性質。

2. 會計計量模式的完善程度不同

會計計量模式既受會計環境影響，也受資本保全原則的影響。認同什麼樣的資本保全觀點，影響到選擇什麼樣的會計計量屬性。目前比較有影響的資本保全觀點有兩種：財務資本保全觀和實物資本保全觀。從財務資本保全觀視角來看，資本作為一種財務現象，總是體現為一定的貨幣量；資本保全就是貨幣資本完整，因此應該以歷史成本計量資產淨金額。實物資本保全觀則認為，要保全的是企業原有生產能力和經營能力，而生產能力和經營能力應以現行市價作為計量基礎。由此可見，資本保全理論不但深刻地影響著計量模式的選擇，更成為企業計算成本、計量收益和衡量資本保值增值的重要依據。在資本保全這個問題上，中國和越南都還未運用這個屬性，這或許與中越兩國強調會計計量屬性的可靠性有關。泰國、馬來西亞和新加坡的概念框架提出了資本保全的概念，但傾向於財務資本保全，即會計帳目上的保全。

在會計計量模式的完善程度及其運用上，隨著市場的完善和經濟全球化程度的加深，會計理論研究的深入，中國、泰國、馬來西亞和新加坡已建立起一整套與國際會計準則基本一致的會計計量模式。而越南國際化起步稍晚，會計理論研究也不夠深入，尚未建立起完善的會計計量模式體系，雖其公布的會計準則也引入了公允價值和現值等計量屬性，有些準則還直接引

用了國際會計準則的規定，但大部分企業實際上執行的仍然是單一的「原價」計量模式。市場經濟的發展及市場的培育還不完全，傳統的經濟仍為主要的交易和事項，也是其會計計量模式研究和運用滯後的原因之一。

3. 公允價值使用的差別

在會計計量單位方面，中國-東盟 5 個主要國家均以貨幣為主要計量單位，以歷史成本為核心會計計量屬性，其定義也基本一致。從中國的角度看，中國的重置成本概念相當於泰國、馬來西亞和新加坡的現行成本概念；中國有「公允價值」這一計量屬性，馬來西亞和新加坡也有，但越南和泰國則沒有這個計量屬性。「公允價值」較之於其他屬性有一定的主觀隨意性，其計量的可靠性容易受到質疑，所以是否納入公允價值計量，要看市場經濟發展程度，還需要高素質的會計人員以及採用先進的會計核算手段。否則，使用公允價值不但難以取得積極效果，還會適得其反。

（三）中國-東盟自由貿易區主要國家會計計量趨同與發展的啟示

經過對中國-東盟自由貿易區主要國家會計計量的比較，我們發現，由於缺乏將公允價值在實踐中進行應用的操作經驗，公允價值在中國、越南、泰國仍處於一個正待深入研究的領域。在完善公允價值計量屬性方面，中國、越南和泰國有必要向馬來西亞和新加坡借鑑經驗，因為新、馬兩國都歷經了公允價值計量的初探期、成長期，應用該計量模式已經比較成熟。就中國和越南而言，實行的是社會主義市場經濟體制，雖然市場經濟體制已基本確立，但是市場經濟體制的建立和發展還不夠成熟和完善，為了完善公允價值計量屬性，應該從以下三個方面著手。

1. 完善會計準則體系，與國際會計準則保持趨同

會計準則與國際趨同是大方向，公允價值計量在會計實踐中受到越來越高的重視，公允價值計量也應與國際會計準則趨同。2014年之前，中國對公允價值的規定分佈在基本準則、非貨幣性資產交換、債務重組、投資性房地產、非同一控制下的企業合併和金融工具等不同的會計準則裡，而且在不同的準則中，公允價值的應用條件也各不相同，這給廣泛運用公允價值帶來操作上的難度。鑒於此，中國財政部於2014年1月發布《企業會計準則第39號——公允價值計量》等3個新準則，從2014年7月1日起在所有執行企業會計準則的企業範圍內施行（在境外上市的企業可提前執行）。這是繼2006年2月25日財政部發布1個基本準則、38項具體準則後，又一次出抬新準則。通過研究第39號準則，可以感受到，新準則體系對公允價值的運用較為謹慎。這其中的原因一方面是與國內市場經濟成熟度有關，另一方面則是國際財務報告準則也並未完全否定歷史成本。總之，中國在對公允價值的應用上進行了審慎改進。但在越南，截至2016年，其會計準則體系中尚未正式引入公允價值。從中國-東盟自由貿易區建設的需要而言，越南會計體系應該推進與國際會計準則保持趨同，盡快引入公允價值這一會計計量屬性。

2. 完善與公允價值相適應的市場環境

通過解讀《企業會計準則第39號——公允價值計量》相關文字可知，公允價值的計量，應當以主要市場的價格為基礎。不存在主要市場的，則以最有利市場的價格計量相關資產或負債的公允價值。當計量日不存在能夠提供出售資產或者轉移負債的相關價格信息的可觀察市場時，企業應當從持有資產或者承擔負債的市場參與者角度，假定計量日發生了出售資產或者轉移負債的交易，並以該假定交易的價格為基礎計量相關資產

或負債的公允價值。企業以公允價值計量相關資產或負債，應當採用在當前情況下適用並且有足夠可利用數據和其他信息支持的估值技術。企業使用估值技術的目的，是估計在計量日當前市場條件下，市場參與者在有序交易中出售一項資產或者轉移一項負債的價格。企業以公允價值計量相關資產或負債，使用的估值技術主要包括市場法、收益法和成本法。企業應當使用與其中一種或多種估值技術相一致的方法計量公允價值。企業使用多種估值技術計量公允價值的，應當考慮各估值結果的合理性，選取在當前情況下最能代表公允價值的金額作為公允價值。①

　　由上可知，公允價值的取得主要來自市場價值和估計價值這兩個方面。對於可通過市場取得公允價值的資產和負債來說，必須要以存在交易量最大且交易活躍程度最高的市場，即資產或負債的主要市場為條件。馬來西亞和新加坡的資本市場較完善，市場價值和估值價值的取得相對其他東盟國家而言較公允。而從中國、泰國和越南的現狀來看，雖然市場經濟體制已經基本確立，但由於國內市場機制不完善，市場信息透明化程度低，市場經濟體制的建立和發展還不夠成熟等原因，導致這三個國家只能謹慎引入或尚未引入公允價值計量模式。市場經濟的繁榮是公允價值計量模式產生的土壤，公允價值與市場中資產或負債的報價密切相關，卻又不簡單等同於市場價格，公允價值在市場經濟中大有用武之地。當然，進一步加強市場監控力度，保證公允價值獲取途徑的公開透明，完善經濟市場條件是完善公允價值計量模式應用的重要前提。

---

　　① 企業會計準則編審委員會. 企業會計準則第 39 號——公允價值計量講解 [M]. 上海：立信會計出版社，2015.

3. 將會計計量與會計目標相融合

對於會計目標的理解，目前主要有兩種觀點：受託責任觀和決策有用觀。受託責任觀是從信息提供者的利益關係出發，強調會計信息的可靠性，以歷史成本計量為基礎；而決策有用觀則站在信息使用者的立場看問題，強調會計信息的相關性，要求主要以公允價值來評估企業價值。由此可知，立足於傳統的經濟業務和事項之中，會計信息反應企業管理層受託責任履行情況的歷史成本計量仍然是會計計量屬性的核心。但我們不能因為歷史成本可靠就停止不前，為了更確切地反應企業的經營能力、償債能力及所承擔的財務風險，對於存在活躍的交易市場的衍生金融工具和投資性房地產等，則可以採用公允價值計量模式，以合理地彌補歷史成本的不足，進一步完善會計計量屬性的組成。而且，隨著會計目標由受託責任觀向決策有用觀的轉變，決策使用的現值和公允價值的計量屬性運用的空間和範圍將會越來越大，多種計量屬性並存的模式是現代會計發展的必然趨勢。經濟全球一體化、國際化需求的增強，使各國會計計量模式逐步趨向於國際會計慣例，並將其定位在合理的計量模式上。

三、中國-東盟自由貿易區主要國家會計報告的比較

會計報告又稱為財務會計報告或會計披露，是指將會計信息以一定的方式和格式傳遞給信息使用者的方式。會計報告制度起源於企業所有權與經營權分離和委託代理關係的形成。據中國會計史學家郭道揚先生的考究，中國在兩千七百多年前的西周就有了「歲會」（即年報）和「月要」（即月報）的規定：「歲終則令百官府各正其治，受其會，聽其致事而詔王廢置。三歲，則大計群吏之治，而誅賞之……月終，則以官府之敘，受群吏之要。」就是說：每到年終，天官大宰要向國王呈送一年以

來的財政經濟收入和支出的報告，每三年為一大計，國王論其功過進行賞罰；對於月度的經濟收支情況，具體由小宰組織報告，然後按王朝的規定進行檢查（郭道揚，1982）。由此可知，兩千七百多年前西周王朝的財政經濟收支是西周王委託天官大宰管理的，因此就產生了官廳會計的會計報告制度。最初的報告形式僅是日常記錄的流水帳，到了唐宋，出現了「四柱式會計報告」；明清時期則出現了「龍門帳」「四腳帳」等會計報告；在宋元明時期，一種「萬曆程氏染店查算帳簿」，這些盤單已經具備了資產負債表的雛形（劉秋根，張建朋，2010）。由此可見，會計報告是所有者對受託管理者進行審計監督的重要依據，會計報告是受託管理者對企業的財務狀況、經營成果及現金流量等會計信息的整理和披露。

經濟越發展，會計報告越重要，對會計信息披露的管理也越重要。17世紀的法國，經濟高度發展，但企業破產和債務風險爆發也空前頻繁。法王路易十四簽署了世界上第一個商業法典《商業大法》，標誌著國家開始以法律的形式介入會計信息披露的管制。經濟快速發展的美國，為了應對1929年發生的經濟危機，1933年成立了證券交易委員會（SEC），也就是世界上第一個進行會計信息披露管制的獨立機構。由此可見，對會計報告的管理，實際上就是對企業經營狀況誠信度的管理，是對會計工作質量可靠性的管理。對會計報告的管理也概括了對會計確認和會計計量的管理。在會計報告的發展階段上，有學者將西方的會計報告概括為三大發展階段：第一階段是以帳簿披露為主體的階段（2世紀到15世紀）；第二階段是以財務報表披露為主體的階段（15世紀到20世紀六七十年代）；第三階段是以財務報告披露為主體的階段（20世紀六七十年代至今）（杜德春，2007）。中國-東盟5個主要國家會計報告發展的情況與西方基本相同，只是時間後延了幾十年。

（一）中國-東盟自由貿易區主要國家會計報告的基本情況分析

1. 中國會計報告的基本情況

（1）報送方式由定向報送到向社會披露轉變。

1993年以前，由於長期實行計劃經濟，中國企業主要是向稅務、財政、銀行及上級主管理部門報送「資金平衡表」「利潤表」（或稱「損益表」）和「財務情況說明書」。20世紀後期，雖然進入了市場經濟，但也還保持著較多的計劃經濟色彩，企業的自主權不大，不論投資、融資或企業的營運決策，關心報表信息的部門和人員都不多，報表信息一般都不對外公開，「兩表一說明」的形式成了當時的會計報告形式。1993年開始進行「兩則兩制」的會計改革，利潤表不變，但資金平衡表換成了資產負債表，增加了財務狀況變動表（後來改為現金流量表），會計報表的形式與西方及其國際會計的規定趨同，會計報告的形式變為「三表一說明」，但向指定部門報送的規定不變。

上海證券交易所於1990年11月26日由中國人民銀行總行批准成立，同年12月19日正式開業，這是中華人民共和國成立以來建立的第一家證券交易所。緊隨其後的是深圳證券交易所，1991年4月11日由中國人民銀行總行批准成立，並於同年7月3日正式成立。證券交易所的成立，意味著上市公司的會計信息要向社會披露。隨著證券市場的逐漸規範，向社會披露的會計信息內容也逐漸增加。按照中國《企業會計制度（2001）》的規定，財務報告包括財務報表、報表附註和財務情況說明書。其中，財務報表包括：資產負債表、損益表、現金流量表、資產減值準備表、利潤分配表、股東權益增減變動表、分部報表等；報表附註包括：不符合會計核算基本前提的說明、重要會計政策和會計估計的說明、重要會計政策和會計估計變更的說明、或有事項和資產負債表日後事項的說明、關聯方關係及其

交易的披露、重要資產及其出售的說明、企業合併分立的說明等；財務情況說明書包括：企業生產經營的基本情況，利潤實現和分配情況，資金增減和週轉情況，對企業財務狀況、經營成果、現金流量有重要影響的其他項目。而在 2006 年公布的《企業會計準則》中，與會計報告有關的準則就有 10 個，如：會計政策、會計估計變更和差錯更正、資產負債表日後事項、財務報表列報、現金流量表、中期財務報告、合併財務報表、每股收益、分部報告、關聯方披露、金融工具列報等。

（2）報告理論由「收益費用觀」向「資產負債觀」轉變。

「收益費用觀」是指直接從收入和費用的角度來確認與計量企業收益，它以權責發生制為會計核算基礎，歷史成本為會計計量原則，通過費用與收入相配比計算出「會計收益。」利潤表是報表體系中的核心，資產負債表則是利潤表的補充和附屬。「收益費用觀」下的會計信息有助於企業所有者客觀、公正地評價企業管理當局受託責任的履行情況，體現的是受託責任觀的會計目標。「資產負債觀」是一種全面收益觀，企業的收益是當期淨資產的淨增加額（不包括投資者新增的投入或分配給投資者所引起的淨資產的變化）；收益不僅包括傳統意義上通過交易因素獲取的收益（即「收益費用觀」下的收益），也包括非交易因素所增加的企業淨資產。如由於物價變動而導致的企業資產所產生的持有收益等。在「資產負債觀」下，資產負債表在整個財務報表中處於主導地位，表中所有的資產和負債項目，都立足於對未來視角的財務狀況的反應。會計計量重心是資產，資產計量強調資產很可能帶來的未來價值。因此，公允價值、未來現金流量等計量屬性常用於期末對一些指定項目再計量，體現了決策有用性的會計目標報告理論的改革。在會計報表上主要體現在如下方面的變化：①報表種類上增加了「所有者權益變動表」。在 2006 年及以前，會計報表要報送資產負債表、

利潤表和現金流量表三張報表；2007年以後，執行《企業會計準則》，企業還要報送所有者權益變動表，該表從上年年末所有者權益構成出發，經過會計政策變更和會計差錯等會計調整後形成本年年初的所有者權益構成，再經過本年度「淨利潤、直接計入所有者權益的利得和損失、所有者投入資本、利潤分配、所有者權益內部結轉」等項目的調整後，最後形成本年年末的所有者權益構成。該表在構成形式上說明了資產負債表中所有者權益淨增加額的變動狀況，由此將資產負債表和利潤表統一起來，而實質上體現了「期初淨資產＋淨利潤－利潤分配±本期資本投入或退出變動額＝期末淨資產」這一資產負債觀。此外，表中「直接計入所有者權益的利得和損失」項，也說明了企業的淨收益是一種「全面收益觀」。②會計計量採用了五種計量屬性並存的計量模式。在2006年及以前，中國的會計計量以歷史成本或修正歷史成本為原則。因此，會計報表項目所表現的也是用歷史成本所計量的淨值。2007年以後，執行《企業會計準則》，企業採用的是以歷史成本為核心，五種計量屬性並存的計量模式。由於對於變動性較大的金融資產和涉及金額較大的具有融資性質的項目大多採用公允價值或現值來計量，增強了會計信息的決策有用性，體現了「資產負債觀」。

（3）報告內容由提供共同性需求向信息披露形式的多樣化轉變。

由於在會計信息需求的分析上，需要考慮成本效益的最優均衡，因此，會計應按共同需求提供信息。在此理論的指導下，中國規定企業應對外披露的會計信息都是只能夠滿足各個利益相關者的共同性需求的會計信息（孫玉甫，2009），這也是一種傳統的以借貸復式記帳法為核心思想的DCA（Debit-Credit-Accounting）會計模式。而現代企業管理更多的是需要即時提供的信息，實現對企業經營狀況進行即時控制，因此，根據企業業

務過程和業務事件的本質決定如何採集、存儲和使用數據的REA（Resources-Events-Agents）會計模式被提出，有力地促進傳統會計報告改革，滿足企業未來發展需要（丁璐，2010）。會計信息化條件已經為會計信息生產與報告更優模式的構建提供了可能。通過會計信息系統構建出會計主體生產經營盡可能多的情況，由信息使用者根據自己現時的決策需要去自行提取，使會計信息的披露更有利於決策者使用。除會計準則規定的會計信息之外，隨著經濟的發展，很多新興會計的信息也要求進行披露，如為貫徹落實《國務院關於落實科學發展觀加強環境保護的決定》引導上市公司積極履行保護環境的社會責任，促進上市公司重視並改進環境保護工作，加強對上市公司環境保護工作的社會監督，上海證券交易所2008年5月14日發布了《上海證券交易所上市公司環境信息披露指引》，加強了對環境會計信息的披露。

2. 越南會計報告的基本情況

（1）報送方式由高度按政府要求填報向公眾公開披露轉變。

越南政府1988年頒布的《會計與統計法令》中規定企業必須按照統一的報表格式進行填列並報送相關部門，報告對象主要是主管國家經濟的財政部門和統計部門。此時越南經濟成分相對簡單，會計指標與國民經濟指標高度統一，國民經濟指標統計依據會計報表進行，政府要求企業使用統一的報表格式進行會計信息報告。1989年頒布的《國家會計組織條例》中仍然規定使用統一的表格格式進行填報，會計報表格式與國民經濟統計依然高度統一，但在條例中並沒有規定具體需要報送的報表，而是在其他相關規定中給出諸多相關報表格式。2003年頒布《會計法》後才明確規定了事業單位必須向有關部門提交財務報告，報送的財務報告包括：①會計科目平衡表；②收支報告；③財務報告說明書；④法律規定的其他報告。屬於經營活

動會計單位的財務報告包括：①會計平衡表；②經營活動成果表；③現金流量表；④財務報告說明書。

　　越南胡志明證券交易所於1998年7月11日由越南政府批准成立，在2000年7月28日正式開業，開業第一天只有兩家上市公司，之後越南開始了證券市場化的道路。河內證券交易所與胡志明證券交易所同一天同一文件批准成立，但直到2005年3月8日才正式開業。雖證券交易所開業初期只有少數公司上市公開交易，但也意味著這些公司必須向市場公開財務報告，不能單純為了配合統計的需求和企業自身管理而填報，市場對會計信息的收集披露要求更高。在2003年頒布的越南《企業會計準則第21號準則——財務報告列報》中規定財務報告系統包括會計平衡表、經營成果報表、現金流量表以及財務報告說明書，除了財務報告外，企業還可以編製管理報告。企業的財務狀況說明書包括很多內容，相當於中國的報表附註和財務情況說明書。財務狀況說明書應該包括：提供關於財務報表編製的基礎以及發生重要交易和事項選擇和運用的具體會計政策；根據會計準則的規定應披露而未能在其他財務報告中披露的其他任何信息；提供未能在其他財務報告中披露，但又被視為必須真實、公允披露的補充信息；或有負債、承諾和其他財務方面披露的信息；非財務方面應披露的信息等。此外，有關所有者權益變動情況說明方面，越南並沒有要求填報單獨的一個變動表，而是要求在財務報告說明書中披露所有者權益變動的信息。在越南《企業會計準則》中，與財務報告有關的準則就有11個，如「合營權益財務報告、財務報告列報、銀行及類似金融機構財務報告、資產負債表日後事項、現金流量表、合併財務報表及對子公司投資會計、關聯方披露、中期財務報告、分部報告、會計政策、會計估計變更和差錯、每股收益」等。

　　（2）報告理論由「收益費用觀」向「資產負債觀」轉變。

早期的越南會計比較簡單，主要要求能夠核算利潤以及能夠符合經濟統計的需求，它也以權責發生制為會計核算基礎，以原價為會計計量原則，通過費用與收入相配比計算出會計收益及其他各項經營指標。經營活動成果表是報表體系中的核心，會計平衡表則是經營活動成果表的補充。「收益費用觀」下的會計信息強調企業的經營成果，有助於政府評價企業管理者對國有資產的管理效益，也有助於政府方便地統計經濟指標，體現的是受託責任觀。

隨著經濟的發展，經濟業務也變得複雜化，單純地為了方便統計經濟指標的財務報告已不能滿足需求，會計信息更多地要滿足決策有用性的特點。引進國際會計準則體系後，越南的財務報告系統也向「資產負債觀」轉變。同時，公允價值、可變現淨值、現值等計量屬性也經常用到對資產的計量當中，會計信息越來越傾向決策有用性的目標。體現在財務報表上主要有以下幾個方面：①越南財務報告理論的改革使得財務報表系統跟國際接軌。會計準則明確規定使用跟國際財務報告相近的報表格式，「會計平衡表」其實就相當於中國的「資產負債表」，「經營活動成果表」相當於「利潤表」，現金流量表跟中國的也基本一致，其中也增加了對所有者權益變動的信息披露要求，跟中國不同的是越南要求在財務報告說明書中披露相關信息，包括：當期淨利潤或淨虧損；計入權益中的各個收益和費用、利得或虧損的要素以及這些要素的總額；會計政策變更和會計差錯更正的累積影響；與所有者的資本交易業務和分派給所有者的股息、利潤；計入當期期初和期末的累積損益餘額，以及當期變動；計入當期期初和期末的各類權益資本、股本溢價和儲備款項之間的變動及比較情況等。②會計計量採用了以「原價」計量為核心，輔助於修正制度和適當引入公允價值、現值計量屬性。2003年以前越南主要以「原價」作為會計計量屬性，報表項目的計量也多以「原價」原則體現。

2003年後陸續頒布了26項企業會計準則，修正制度應用於存貨、固定資產、不動產投資等項目的再計價，公允價值、現值等主要用於併購、非貨幣性資產交換業務等特殊的交易或事項的計量。這使得會計信息更真實地反應經濟運行狀況，更好地體現了信息的決策有用性。

（3）報告內容由提供簡單、特定要求的報告向系統、多樣化報告轉變。

2003年以前越南政府要求企業提供同時適應於會計管理和統計需求的報告信息，報表內容相對簡單固定，多數為了收集計算某一經濟指標。企業會計準則頒布後引入與國際接軌的財務報告系統，報表的內容得到了具體、系統的披露，更好地服務於經濟的持續發展。隨著信息技術的發展，越南財政部在2005年發出了《會計軟件的標準及條件指引》的通知，具體規定了會計軟件的應用基礎及條件限制，為會計信息化提供了法律依據。雖然越南的信息技術相對落後，但市場上也有不少本土化的會計軟件，一定程度上豐富了會計信息的內容及形式，使得更詳細、更及時有用的信息得以記錄，進一步提高了信息的決策有用性。

3. 泰國會計報告的基本情況

（1）報告理論有法可依。

泰國《會計法》（2000年）規定，所有法人公司、合夥企業、外企分支機構、代表處和區域辦事處以及合資企業都必須在每個會計期末編製相應的財務報告；財務報告都必須經過審計，並取得註冊公共會計師的審計意見；企業必須在每個會計期間結束之日起150日內，將經過審計的財務報告的副本連同

年度所得稅申報表一併提交至稅務廳。①

（2）會計報告內容詳盡，鼓勵自願披露。

泰國要求會計報告的內容較為詳盡、仔細。如泰國需要企業全面地反應收益來源的報表，所以泰國要求編製全面收益報表，不但要提供經營性收支（營業收入和費用），還要提供非經營性的收支（利得和損失）。這不僅方便企業尋求利益最大化，還能向投資者提供更詳細的信息，吸引外商投資。這也充分體現了泰國將會計報告的重點放在了全面性和可理解性，使得在企業所提供的財務報告信息更容易為大眾所理解和接受。雖然泰國在會計準則中對大部分的會計報告信息要求強制性披露，但對於一些重大、不確定或未標明的事項則鼓勵企業應當自願進行披露。

4. 馬來西亞會計報告的基本情況

（1）報告理論有法可依。

1997年馬來西亞通過的《財務報告法》，成立了財務報告基金會（FRF）和馬來西亞會計準則委員會（MASB），第一次發布了財務報表列報準則（MASB1），企業的財務報表編製因此有了法律依據。

（2）報告格式逐步與IFRS趨同。

從2005年1月1日起，MASB把所有的會計準則重新命名為財務報告準則（FRS），至此MASB1更名為MFRS101。2007年6月15日，根據國際財務報告準則的相關規定，MASB對十項財務報告準則和《財務報表列報框架》進行修訂和重新編排，MFRS101的內容隨之發生了很大的變化。2008年8月1日，為

---

① 泰國會計和財務報告簡介（2011年版）[EB/OL]. 中華人民共和國駐泰王國大使館經濟商務參讚處：http://th.mofcom.gov.cn/aarticle/ddgk/zwdili/201203/20120307997941.html.

了進一步發展國內資本市場，增強會計主體提供信息的可比性，財務報告基金會（FRF）和馬來西亞會計準則委員會（MASB）共同發布一份公告，提出在2012年1月1日前實現馬來西亞會計準則（MFRS）與國際財務報告準則（IFRS）的全面趨同。除此之外，在馬來西亞證券交易所上市的非馬來西亞公司，現在即可採用國際財務報告準則來編製財務報表。

（3）報告內容繁多。

馬來西亞2012年修訂的MFRS101表現出內容繁多的特點，該準則有九章共128段，與《國際會計準則第1號——財務報表列報》104段的內容相比有過之而無不及。此外，為了適應經濟發展的需要，馬來西亞還制定有與會計報告相關的《MFRS7金融工具：披露》《MFRS107現金流量表》《MFRS129惡性通貨膨脹經濟中的財務報告》《MFRSi-1伊斯蘭金融機構財務報表列報》等其他準則，尤其是為伊斯蘭金融業專門制定的MFRSi-1準則，更能體現馬來西亞會計報告內容的繁多和廣泛性。

5.新加坡會計報告的基本情況

（1）報告理論「多元化」。

新加坡從英屬殖民地時代起就是一個商業中心，為了充分利用外國資源、市場、技術和資金，憑借著良好的國際環境發展本國經濟。新加坡的資本市場對會計制度的選擇相對比較靈活，允許在新加坡境內上市的外資企業可以採用新加坡財務報告準則、國際會計準則或美國會計準則3種標準編製財務報告，免除了企業將其遵照GAAP或IFRSs編製的財務報告調整為按FRS編報，充分體現了新加坡會計準則最大限度地為國家吸引外來投資及為保護投資者的利益服務，並把服務於國家和社會作為會計目標的特點。這一方面使新加坡的上市公司可以選擇最合適的會計制度，並編製出最適合公司發展的報表；另一方面可以使新加坡的會計標準與國際接軌，有利於實現新加坡會

計的國際協調。2014年5月30日,新加坡會計準則委員會宣布,在新加坡交易所上市的股份有限公司將在2018年採用與國際財務報告準則完全相同的格式披露其財務狀況。

(2)報告方式由契約披露或自願披露向法定披露轉變。

1998年,公司財務委員會提交的一份報告指出要建立以披露為基礎的監管體系。在該體系中,上市公司要負責公開、及時地披露該公司有關的業務、財務狀況和前景預測的信息。迄今為止,大部分的披露規則和指南是通過上市規則規定的或是由公司自願執行。雖然,2004年修訂後的《公司法》中要求申請上市公司要披露所有相關信息以滿足投資者需要,但目前尚未有強制要求上市公司持續披露相關信息的規定。在以披露為基礎的監管體系下,要使上市公司提供充分的信息供投資者決策參考,應該對所有上市公司的持續披露做出統一的法定要求,以能保證上市公司信息的一貫性和可比性。現在,在新加坡,《公司法》對某些特定項目有要求強制披露,但沒強制要求持續披露所有重大事項。新加坡交易所上市手冊中有以特定的方式要求附加披露。但這樣的方式不再適應紛繁變化的環境。因此,為了達到披露的一貫性和信息的高質量,委員會認為基本立法只能對上市公司持續披露的一般責任進行規定。法定披露比契約披露或自願披露更能使上市公司和他們的董事會認識到持續、充分、及時披露的重要性。法定披露對投資者和證券監管者來說也是必要的。不論是否有法定披露的要求,上市公司的董事會都有必要在持續經營的基礎上考慮披露信息的時間、頻率和內容等。這樣,董事會就必須考慮並且權衡這些信息對公司、對股東和投資者的價值。由於環境是不斷變化的,法定披露的要求也要隨著變化。因此,對持續披露信息的基本立法應該只包含一般的(而不是具體的)責任。對此,委員會建立了一個三層次的法規:第一層只包括披露的一般責任,第二層包括最

少的不完全的披露項目，第三層是由新加坡交易所等機構發布的披露指南。這種結構的法規更能適應環境的變化，保證信息披露的相關性要求。

（二）中國-東盟自由貿易區主要國家會計報告的比較

中國-東盟自由貿易區5個主要國家在會計報告方面的發展歷程總體來說是大同小異的，從三個角度進行了比較，一是從會計報告的報送方式，都是由報送指定部門到規定上市公司向社會披露。雖然會計報送的指定部門各國有所區別，主要是政府指定的權屬不同而已，本質上是一樣的，都是經濟體制的要求。二是會計報告理論的比較，各國都與國際會計的發展一致，由「收益費用觀」向「資產負債觀」轉變。但從各國的具體情況來看，馬來西亞和新加坡起步早，運用成熟。如馬來西亞在財務報表列報準則制定方面，亦出現「步步緊跟」的現象，國際會計準則委員會於1997年修訂了《國際會計準則第1號——財務報表列報》後，馬來西亞於1999年發布首個財務報表列報準則，其內容與國際會計準則大同小異。而在國際會計準則委員會2005年和2007年對《國際會計準則第1號——財務報表列報》進行修訂後，馬來西亞也對其相關準則進行了修訂。中國起步早，運用較為成熟，但馬來西亞在財務報表列報準則的制定與完善方面，做得比中國更好、更全面。越南不僅起步晚，還不成熟。比如，越南還沒有「所有者權益變動表」，而只是在報表附註中披露。三是會計報告內容方面的比較。各國也都經歷了簡單、共需向複雜、多樣化需求轉變。與國際財務報告準則、國際會計準則的各項披露要求相比較，東盟各國對會計信息的披露要求存在一定區別。中國、馬來西亞、新加坡會計報告的具體披露信息要豐富很多。具體的內容雖不盡相同，但變化趨勢是一致的。而越南會計報告的具體披露信息要簡單一些，與國際財務報告準則第4號保險合同準則相比較，越南的第19

號會計準則對於有關保險風險的相關信息不做披露要求；與國際財務報告準則第 7 號金融工具的披露準則相比較，越南在這方面沒有制定與之相對應的準則，因此，越南也未就金融工具的相關事項做出全面具體的披露要求。

(三) 對中國-東盟自由貿易區主要國家會計報告發展的啟示

1. 進一步完善會計報告體系

為了更好地適應國際化的需要，應編製信息較為全面的社會報告，增加諸如增值表等一些新的報表。隨著中國經濟市場的發展完善，企業的相關方都需要瞭解企業未來的經營狀況，這就要得到有關企業未來的預測信息，管理者應該編製專門的財務預測報告，將企業未來的財務動向和發展趨勢包括經營成果、財務狀況和現金流動等信息詳細的呈現給信息使用者。同時，相應的增加披露的信息以提高可比性，不僅財務信息、確定性信息應該被披露，而且那些非財務信息和不確定性的信息更應被披露。隨著中國經濟的深入發展，停業與收購活動將會迅速增多，利潤表中也應對終止經營進行列報。

2. 會計報告方式多樣化

在手工會計和傳統信息傳輸技術的條件下，會計報表是一種最有效、最經濟地反應財務信息的方式，這是被長期實踐所證明了的。然而在現代信息條件下，這種有效和經濟已不再成為阻礙其他信息揭示方式出現的理由。企業財務報告將會由書面、報紙等印刷、傳遞轉變為全面的網路即時公布；由單一的表格、文字式信息轉變為表格、文字式信息與圖像、音像式信息的結合的方式。這些變化將使得會計報告內容生動形象，讓信息獲得者對信息的理解更加直觀、通俗，更容易為會計信息使用者所接受。

3. 充分體現全面收益是會計報告的必然趨勢

隨著各國對公允價值計量屬性的引入，衍生金融產品的日益增多以及確認未實現的損益將會大幅增加，實行全面收益報告已經成為必然的趨勢。利得和損失要素的確認，對於會計報告全面反應收益情況起到了重要作用，它不僅明確了多重計量屬性，也明確了公允價值計量。我們可以把「利潤表」改為「利潤和全面收益表」，在表中反應淨利潤和其他綜合收益合計後的綜合收益總額，以全面反應收益的情況。

4. 計量模式的廣泛應用將極大地豐富會計報告的內容

在傳統會計環境中，歷史成本因其客觀性和可驗證性的優點而被廣為推崇。隨著經濟環境的變化，全球性通貨膨脹和創新金融工具的出現，使歷史成本計量受到了嚴重的挑戰。為了及時反應資產價值的變化和風險，公允價值、未來現金流量現值等多種計量模式被適時提出，這些計量屬性使會計信息具有更高的決策相關性。會計計量模式的多元化及廣泛應用將極大地豐富財務報告的內容。

第四節　中國-東盟自由貿易區主要國家會計準則的比較

一、中國與越南會計準則的比較

（一）中國與越南會計準則體系的比較

中國企業會計準則體系由四個層次組成，分別是：第一層次：企業會計基本準則；第二層次：42項企業會計具體準則；第三層次：企業會計準則應用指南；第四層次：企業會計準則解釋。越南的會計準則體系由《企業會計準則第1號——總則》和25個具體會計準則並行存在，《總則》中規定：本準則不代

替具體的會計準則，在實施時則按具體準則實行，若具體準則沒有規定的則按總則實行。（如表 4-7）

表 4-7　　　　中國與越南會計準則體系比較

中國	越南
①企業會計基本準則 ②企業會計具體準則 ③企業會計準則應用指南 ④企業會計準則解釋	企業會計具體準則（1 個總則、25 個具體準則）

（二）中國與越南具體會計準則的比較

中越兩國企業會計具體準則異同的對比（參見表 5-2），我們可以看出，中越兩國具體會計準則有以下相同或相似之處：一是準則名稱均稱為會計準則，尚未引入財務報告準則這一名稱；二是準則序號基本是按會計要素、特殊行業和報告的順序排列；三是兩國均未採用《IAS29 惡性通貨膨脹經濟中的財務報告》準則；四是《IFRS14 管制遞延帳戶》均未在兩國生效；五是有財務報表列報、存貨、現金流量表、企業合併等 22 項準則大致相同。但中越兩國具體會計準則也存在較大差異。首先，中國企業會計具體準則分為兩大部分，一部分是適用於上市公司、大中型企業的 42 項企業會計準則；另一部分適用於規模小、業務簡單的小企業，即《小企業會計準則》。越南沒有專門針對小企業的會計準則。其次，中越兩國有以下準則存在較大的差異（見表 4-8）。

表 4-8　　　　中國與越南具體會計準則差異比較

中國	越南
①CAS2 長期股權投資 　CAS40 合營安排	①VAS28 聯營中的投資會計 　VAS8 合營中的權益

表4-8(續)

中國	越南
②CAS5 生物資產	②暫無
③CAS8 資產減值	③暫無
④CAS9 職工薪酬	④暫無
⑤CAS10 企業年金基金	⑤暫無
⑥CAS11 股份支付	⑥暫無
⑦CAS16 政府補助	⑦暫無
⑧CAS22 金融工具確認和計量	⑧暫無
⑨CAS23 金融資產轉移	⑨暫無
⑩CAS24 套期保值	⑩暫無
⑪CAS25 原保險合同 CAS26 再保險合同	⑪VAS 保險合同
⑫CAS27 石油天然氣開採	⑫暫無
⑬CAS37 金融工具列報	⑬暫無
⑭CAS38 首次執行企業會計準則	⑭暫無
⑮CAS39 公允價值計量	⑮暫無
⑯CAS41 在其他主體中權益的披露	⑯暫無
⑰暫無	⑰VAS22 銀行和類似金融機構
⑱CAS42 持有待售的非遊動資產、處置組和終止經營	⑱暫無

通過比較可見，中越兩國均是社會主義國家，政治環境近似，具體會計準則具有類同相通之處，但由於兩國的經濟、文化環境存在著較大的差異，因此，會計準則也保留著各自的特色。

二、中國與泰國會計準則的比較

就與國際會計準則接軌的時間而言，應該說泰國比中國起步要早。20世紀70年代中期制定會計準則時，就開始借鑑國際會計準則的成果，而中國是在進入21世紀後，才開始研究和處理這個問題。2006年，由財政部頒布了新的企業會計準則體系，這個新體系基本實現了與國際會計準則的趨同。然而不論時間先後，中泰兩國都對本國會計準則趨同國際會計準則持積極態度（這種態度可以作為東盟自由貿易區會計準則趨同和發展的標杆），這樣的結果使得兩國會計理念和會計處理方法有很多相同或類似之處，比如，公允價值的概念引入與計量的方法、資產負債表觀和綜合收益觀的運用等。當然，兩國在趨同國際會計準則時又都結合了本國的實際，進行調整和改變，保留著自己的特色。

（一）中國與泰國會計準則體系的比較

中國企業會計準則體系由四個層次組成：第一層次是企業會計基本準則；第二層次包括42項企業會計具體準則；第三層次是準則應用指南；第四層次為對準則的解釋。泰國企業會計準則體系也可視為有兩個層次，一個層次是框架部分，另一個層次是具體準則；具體準則設置於「編製與呈報財務報表框架」之下（見表4-9）。

表4-9　　　　中國與泰國會計準則體系比較

中國	泰國
①企業會計基本準則 ②企業會計具體準則 ③企業會計準則應用指南 ④企業會計準則解釋	①編製與呈報財務報表框架 ②企業會計具體準則

(二) 中國與泰國具體會計準則的比較

中泰兩國具體準則構成的對比（參見表5-2），我們可以看出，中泰兩國有財務報表列報、存貨、現金流量表、公允價值計量等28項準則大致相同。但中泰兩國具體會計準則也存在較大差異。首先，中國具體準則分為兩大部分：一部分是適用於上市公司、大中型企業的42項企業會計準則，另一部分是《小企業會計準則》，適用於規模小、業務簡單的小企業。泰國則沒有專門適用於小企業的會計準則。其次，中泰兩國有14項準則存在較大的差異（見表4-10）。泰國《TAS36資產減值》中規定，當有證據表明以前年度確認的資產減值損失不再存在或已減少，則需要把確認的減值損失轉回；中國《CAS8資產減值》則規定，該準則範圍內的資產計提減值後不允許轉回。這主要是根據中國目前所處的經濟環境和上市公司利用資產減值調節利潤情況嚴重而做的規定。另外，由於在1997年亞洲金融危機中，泰銖首當其衝受到衝擊，給泰國經濟造成重大災難，經歷了這個教訓後，泰國頒布實行《TAS29惡性通貨膨脹經濟中的財務報告》；而中國目前沒有這方面的相關準則。再有，泰國已於2012年全面執行IFRS，《TFRS14管制遞延帳戶》由此生效，而中國目前沒有相關的準則。此外，考慮到會計人員的職業判斷能力相對較弱等原因，中國將《退休福利計劃的會計與報告》《聯營中的投資》《合營中的權益》《保險合同》和《金融工具》等準則進行了合併或拆分。可見，中泰兩國的具體會計準則既有相通相似之處，又各具有本國制度背景和經濟環境的不同決定的特色。

表 4-10　　　中國與泰國具體會計準則差異比較

中國	泰國
①CAS9 職工薪酬 　CAS10 企業年金基金	①TAS19 雇員福利 　TAS26 退休福利計劃的會計與報告
②CAS2 長期股權投資	②TAS28 聯營中的投資 　TAS31 合營中的權益
③暫無	③TAS29 惡性通貨膨脹經濟中的財務報告
④CAS8 資產減值	④TAS36 資產減值
⑤CAS38 首次執行企業會計準則	⑤無
⑥CAS20 企業合併	⑥TFRS3 企業合併
⑦CAS25 原保險合同 　CAS26 再保險合同	⑦TFRS4 保險合同
⑧CAS5 生物資產	⑧TAS41 農業
⑨CAS22 金融工具確認和計量 　CAS23 金融資產轉移 　CAS24 套期保值	⑨TFRS9 金融工具
⑩暫無	⑩TFRS14 管制遞延帳戶

(三) 從會計準則體系的國際化趨同程度看

中國企業會計準則在制定過程中曾接受國際會計準則理事會的指導和幫助。2005 年 11 月，中國會計準則委員會與國際會計準則理事會聯合簽署了一份關於促進中國會計準則與國際財務報告準則趨同的聲明。在此背景下制定的中國企業會計準則，與國際財務報告準則已實質性趨同。泰國企業會計準則接軌國際會計準則早於中國，程度也更高。泰國的金融機構自 2010 年起開始全面採用國際會計準則（IAS），部分上市公司也已採用國際財務報告準則（IFRS）。另據泰國會計職業聯盟（FAP）要

求，泰國的上市公司自2015開始全面採用國際財務報告準則（IFRS），不過非上市公司仍採用泰國會計準則（TAS）。大體而言，相比中國，泰國會計準則（TAS）的整個框架和全部內容，趨同於國際會計準則（IAS）的程度都要高。不過，儘管存在趨同時間和程度的區別，但中泰兩國這方面的努力，為兩國的會計協調奠定了良好的基礎，為整個自由貿易區的會計準則趨同指明了方向。

（四）從會計準則體系看中泰兩國的會計趨同

1. 從兩國準則制定機構的性質看

泰國會計準則由泰國會計職業聯盟（FAP）制定，屬非政府機構；中國會計準則制定由財政部負責，屬於官方性質。但制定機構的不同並不構成兩國會計準則趨同的阻礙。因為衡量會計準則是否合理有效，不在於是官方主導還是民間主導，而是要看這套準則體系確定的會計標準是否公平合理、是否可以協調各方的利益、是否有助於經濟健康發展。而且，交由什麼機構制定，如何制定以及制定出來的準則是什麼樣，最終還要基於國情。泰國是私有經濟占據主導地位，由非政府機構制定會計準則，這不但有利於準則的接受和實施，而且客觀上更能維護大多數經濟主體的利益。但中國會計準則無法由非政府機構制定，原因在於：①中國經過四十年的改革開放所建立的市場經濟，屬於特色社會主義市場經濟，政府仍然發揮宏觀指導作用，國有經濟占主導地位。因此，由政府機構（財政部）制定會計準則理所當然能為社會各界所接受，能協調好各方的利益。②目前，中國會計行業組織包括中國會計學會、中國註冊會計師協會和中國總會計師協會在內，從構成（會員）來看，並不是完全屬於民間的、獨立的，而是有一定的官方色彩，再加上建立的時間相對不長，從組織的宗旨和能力上都未必適合會計準則的制定職責。③中國實行的是大陸法系，會計準則具

有行政法規性質，以法律的形式頒布，因此，政府制定會計準則本就屬於（法律）慣例。至於中泰兩國的會計準則與國際會計準則的趨同，同樣不會因為準則制定機構的性質差異導致出現問題。國際會計準則理事會（IASB）是一個獨立的私營機構，但其制定及批准國際財務報告準則具有普遍客觀性和公正有效性，故而可以作為全世界各國包括中泰兩國的會計準則趨同的目標。

2. 從準則制定的方法看

規則導向的會計準則，其特點是嚴密、完備，規定詳細，易於實務操作，無須會計人員做太多的職業判斷。但規則導向的會計準則也有一些弊端，比如存在被人鑽漏洞的可能。原則導向的會計準則的優缺點則與規則導向相反，就是只提出一般處理原則，而不對交易事項的處理方法做出詳細具體的規定，經常需要會計人員職業判斷的介入，對會計人員的職業素養和業務能力都有較高要求。兩種導向的會計準則各有利弊，目前不存在誰完全取代誰的情況。世界各國採用哪種導向的會計準則，一般都是結合自己國情考慮的。泰國會計與國際會計準則接軌時間早，趨同程度大，所以採用原則導向制定會計準則。中國的會計規範有很長時期實行會計制度模式，具有鮮明的規則導向特點。出於歷史慣性，目前中國仍然沿用規則導向模式。但是從會計準則的模式發展趨勢來看，原則導向具有必然性。進一步完善現行的會計準則體系，推動規則導向模式向原則導向模式轉變，加快中泰兩國會計準則的趨同，促進區域會計協調發展，是我們當前要努力實現的目標。

（五）泰國會計準則體系對中國的啟示

1. 加強行業自律，發揮會計行業組織的監管作用

大多數國家的會計準則都不是官方機構制定的，而是以民間會計組織為主體，泰國也是如此。泰國會計職業聯盟（FAP）

不僅負責會計準則的制定，還擔負著準則實施的監督和會計行業的管理等重要職能。當然，會計職業聯盟也要服從泰國政府的監管。中國的會計準則是典型的政府模式，不僅由政府機構（財政部）負責制定，而且由政府監管準則的實施和執行。中國的會計組織主要起到溝通行業與政府的橋樑作用，不同於其他國家的同類組織完全獨立於政府之外，可以制定準則並監管執行。無論從理論還是從實踐角度看，會計的健康發展，不僅需要政府有效監管，也需要行業組織的高度自律和積極有為。就此而言，中國民間會計組織的作用還不夠突出。如何提升行業組織的自律性，發揮對會計行業的監管作用，促進中國會計的健康發展，我們不妨參考和借鑑泰國會計職業聯盟的一些做法。

2. 正確處理國際趨同和本國特色的關係

雖然中泰兩國對會計準則的國際趨同都持積極的態度，但兩國均保留了本國的特色。趨同不等於完全照搬，各國必須結合本國實際。各個國家的政治、經濟、法律、文化背景不同，決定了各國會計準則不可能依葫蘆畫瓢，一模一樣。所以，要處理好的問題，是在全球經濟一體化和區域經濟一體化趨勢下，各國準則既要走向國際趨同，能協調好各國之間的利益，又要有利於經貿合作，能互利共贏。國際會計準則更多立足於西方發達國家的經濟環境，而中國-東盟自由貿易區所有國家都屬於發展中國家，更需要按照本國的實際情況，制定有利於本國經濟社會發展的會計準則體系。在中國-東盟自由貿易區這個層面上也是如此，完全消除差異是不必要也是不現實的，只要相互尊重各國特色，存異求同、加強溝通、減少矛盾，就可以實現區域內的會計協調。

3. 關注準則體系的發展

任何事物都不是一成不變的，而是隨著環境變化而不斷發展的，會計準則體系也一樣。在泰國，企業會計準則的變化發

展，即新制定和修訂的頻率比較高。直至目前，泰國會計準則已頒布了53項，除去被取代和被撤銷的14項，現行生效的準則共有39項。中國具體會計準則有42項，從頒布至今，也進行了一定的修訂和補充說明，但都是以解釋公告的形式發布。也就是說，中國的會計準則相比泰國的會計準則，穩定性較強。中泰兩國在這方面是可以互相參照互相借鑑的。從中國來說，需要結合國際國內經濟環境的變化，與時俱進更新會計準則，使之更富時代性，更具活力，更能促進經濟發展。至於在對會計準則進行修訂或補充時，不妨借鑑泰國的做法，直接以新準則替代舊準則，也許更為簡便可行。

三、中國與馬來西亞會計準則的比較

（一）中國與馬來西亞會計準則體系的比較

中國企業會計準則體系由四個層次組成，其一，企業會計基本準則；其二，42項企業會計具體準則；其三，企業會計準則應用指南；其四，企業會計準則解釋。其中，基本準則這部分與馬來西亞的財務會計概念框架部分功能相當。馬來西亞會計準則體系可分為三部分：第一部分為馬來西亞財務報告準則（MFRS）。從MFRS101財務報告列報到MFRS141農業，相當於國際會計準則（IAS）；從MFRS1到MFRS16，相當於國際財務報告準則（IFRS）。第二部分為馬來西亞私人實體報告準則，規範馬來西亞中小企業。第三部分為其他聲明，包括FRS201房地產開發活動、FRS202一般保險業務、FRS203人壽保險業務和FRS204水產業會計，還包括FRSi-1伊斯蘭金融機構財務報表列報，都是馬來西亞特有的準則，世界其他國家都沒有與之相當的文件。（見表4-11）

表 4-11　　　中國與馬來西亞會計準則體系比較

中國	馬來西亞
①企業會計基本準則 ②企業會計具體準則 ③企業會計準則應用指南 ④企業會計準則解釋	①馬來西亞財務報告準則 ②馬來西亞私人實體報告準則 ③其他聲明

（二）中國與馬來西亞具體會計準則的比較

中馬兩國具體準則構成的對比（參見表5-2），我們可以看出，由於兩國制定之時都已經有接軌國際會計準則的考慮，所以，目前中馬雙方的會計準則基本相近，有財務報表列報、存貨、在其他主體中權益的披露、公允價值計量等29項準則大致相同。但由於政治、經濟、法律和文化等原因，兩國還是有13項準則存在一定的差異，主要體現如表4-12所示。

表 4-12　　　中國與馬來西亞具體會計準則差異比較

中國	馬來西亞
①CAS9 職工薪酬 　CAS10 企業年金基金	①MFRS119 雇員福利 　MFRS126 退休福利計劃的會計與報告
②暫無	②MFRS129 惡性通貨膨脹經濟中的財務報告
③CAS8 資產減值	③MFRS136 資產減值
④CAS25 原保險合同 　CAS26 再保險合同	④MFRS4 保險合同
⑤CAS5 生物資產	⑤MFRS141 農業
⑥CAS22 金融工具確認和計量 　CAS23 金融資產轉移 　CAS24 套期保值	⑥MFRS9 金融工具
⑦暫無	⑦MFRS14 管制遞延帳戶

表4-12(續)

中國	馬來西亞
⑧暫未在境內執行	⑧MFRS15 源自客戶合同的收入
⑨CAS20 企業合併	⑨MFRS3 企業合併

1. 準則設置的差異

中國並未完全沿襲國際會計準則體系進行設置，馬來西亞則與國際會計準則一致，所以在準則設置方面，中國與馬來西亞有一些差異。例如，馬來西亞《MFRS119 雇員福利》《MFRS126 退休福利計劃的會計與報告》的內容包括了中國的《CAS9 職工薪酬》和《CAS10 企業年金基金》的內容；馬來西亞《MFRS4 保險合同》的內容就涵蓋了中國的《CAS25 原保險合同》《CAS26 再保險合同》的內容；馬來西亞的《MFRS9 金融工具》的內容則涵蓋了中國《CAS22 金融工具確認與計量》《CAS23 金融資產轉移》和《CAS24 套期保值》三個準則。此外，中國目前也沒有類似於馬來西亞的《MFRS129 惡性通貨膨脹經濟中的財務報告》《MFRS14 管制遞延帳戶》和《MFRS15 源自客戶合同的收入》等指向性非常強的準則。

2. 公允價值應用的差異

在公允價值應用的廣度上，馬來西亞要超過中國。對於資產和負債等，我們主要還是採用歷史成本計量，只有對金融工具及一些特定的資產等採用公允價值計量，而馬來西亞則通常採用公允價值計量屬性。例如對於投資性房地產的後續計量，在中國一般採用成本模式計量，滿足條件才採用公允價值計量；馬來西亞則允許企業在成本模式和公允價值模式中進行選擇，並鼓勵企業在能夠持續獲得公允價值的前提下，採用公允價值計量模式。在生物資產計量方面，我們也是規定用成本進行初

始計量，後續計量必須在滿足條件的情況下才可以使用公允價值；馬來西亞則允許「除了公允價值無法可靠計量的情況外，在初始確認和各個報告期末，生物資產均應按其公允價值減去估計銷售費用計量」。

3. 對合營企業投資處理的差異

中國規定合營企業不應納入合併財務報表進行合併，要求在投資企業單獨財務報表中反應對合營企業的投資，而且只能使用權益法，不能使用比例合併法。與中國相反，馬來西亞規定合營者要編製合併財務報表，編製方法可選擇比例合併法或權益法，優先採用比例合併法，投資企業單獨財務報表中對合營企業的投資，則採用成本法或公允價值法計量。中國和馬來西亞對合營企業投資處理的區別的實質在於：我們以權益法作為長期股權投資後續計量的方法，而馬來西亞則將權益法作為合併報表的方法，即「單行合併」，馬來西亞認為比例合併法比權益法更能較好地反應合營企業的真實情況。顯然，這種不同運用的根源在於中國和馬來西亞雙方對權益法和比例合併法有不同的理解。

4. 資產減值損失轉回的差異

中國的《CAS8 資產減值》準則規定，資產減值損失一經確認，在以後會計期間不得轉回。也就是說，固定資產、無形資產等非流動資產的減值損失是不允許轉回的。這個規定實質是政府監管部門與上市公司博弈的產物，目的是縮小可能對會計準則進行蓄意操作的空間，降低會計信息的規則性失真。而馬來西亞《MFRS136 資產減值》準則規定，企業在資產負債表日判定是否有跡象表明以前年度確認的資產減值損失不再存在或已減少，如果是，企業必須估計該項資產的可收回價值並記錄資產減值損失的轉回。

5. 同一控制下企業合併會計處理的差異

根據中國的《CAS20 企業合併》準則規定，對同一控制下企業合併應採用權益結合法進行核算；馬來西亞沒有單獨對同一控制下企業做出專門的規定，而是要求所有的企業合併業務均須採用購買法進行核算。中國的這一規定是根據中國的國情而制定的，因為中國的企業合併涉及的大多數是國有企業，這些企業之間的合併不完全是市場交易行為，合併對價不一定是公允價值，因而對這一類型的企業合併採用權益結合法更符合中國實際情況。

(三) 中國與馬來西亞會計準則趨同可行性分析

中國-東盟自由貿易區各國政治、經濟、法律、文化等構成的會計環境之間差異較大，大多東盟國家都有過或長或短地被殖民時期，受此影響，形成了不同的會計體系。因此，要實現區域會計準則趨同，應當先從相對容易的地方出發，然後再推進到整個區域。中國和馬來西亞有著悠久的歷史往來和密切的經濟合作，早在公元前 2 世紀，馬來西亞就有了中國商人的足跡，中華人民共和國成立後馬來西亞又是東盟中率先與中國建交的國家。就是說，中國和馬來西亞之間的會計準則趨同有著深厚的政治、經濟和歷史人文基礎。隨著中國-東盟自由貿易區的建立，中國和馬來西亞的經濟合作正不斷走上新高度。而經濟合作的不斷深化，客觀上也使兩國之間的會計準則趨同要求更為強烈。所以，中國-東盟自由貿易區的會計準則趨同，可以考慮將中國和馬來西亞兩國的會計準則趨同當作試點，作為起點，在取得實質性成果之後，發揮示範作用，引導並推動中國與東盟其他各國的會計準則趨同，最終實現全區域會計準則的趨同。

（四）中國與馬來西亞會計準則趨同措施

1. 組建協調機構

要實現中國和馬來西亞兩國會計準則的趨同，首先應該建立一個專門的協調機構。實際上，不要說中馬之間，整個中國-東盟自由貿易區目前也還沒用這樣的機構或平臺。東盟内部雖有一個會計組織即東盟會計師聯合會（AFA），但由於該組織機構鬆散，也缺乏權威性，在區域會計協調及趨同方面成效甚微。鑒於此，中馬兩國可以在政府層面，設立會計準則的協調機構，借助政府的權威性和強制力，推動雙方會計準則的趨同。中國可以考慮在財政部會計司下設立一個中國-東盟（中國和馬來西亞涵括在内）會計準則趨同工作領導小組，專門負責中國與東盟各國的會計準則趨同問題；先以中國和馬來西亞為試點，然後逐步推廣，擴大範圍，最後完成整個自由貿易區内的趨同。

2. 明確趨同路徑

要實現會計準則趨同，就必須先明確趨同路徑及趨同時間表等。由於中馬兩國經濟合作領域集中在跨國公司業務、國際投融資業務方面。因此，也應在這些業務上優先實現會計準則趨同。各自準則中沒有實質影響的内容，即使有差異，也可以先不進行改動，比如金融工具方面的條款。也就是說，以求大同存小異以及優先服務當前重點合作業務為原則，解決中國和馬來西亞經貿合作中的會計實務問題，盡可能地為雙方參與合作的企業提供良好的會計環境，在此基礎上，再根據形勢發展，推進其他相關方面的趨同。這樣做，既有針對性，又有實效性，還能催生積極性，有利於推進兩國會計準則趨同。此外，由於兩國會計準則趨同的目的是推動區域會計準則趨同，最終形成全球會計準則趨同格局。因此，在制定中國和馬來西亞兩國會計準則趨同路徑和内容時，要有區域和國際的宏大視野，並以其為背景考慮問題。要密切關注國際會計準則的變化發展，及

時跟進，並做出調整。

3. 建立溝通機制

有了協調機構，還需要建立良好的溝通機制，為中國和馬來西亞雙邊的會計準則趨同保駕護航。這些溝通機制可包括定期會議制度，主要商討和解決雙邊經貿活動中所涉及的會計問題，以現實問題的解決為契機，研究趨同的具體事宜。也可採取舉辦諮詢論壇的形式，邀請兩國的企業界人士、職業會計師以及理論工作者參加，就中馬會計準則趨同相關問題進行充分的討論。雙方的協調機構人員還可以合作開展實地調查或問卷調查，進行相關課題的合作研究，使雙方的會計趨同措施符合實際，更合理有效。雙方的協調機構與 AFA 及國際會計準則委員會也應該保持溝通，甚至還應多與世界各地的會計行業組織以及著名會計師事務所、跨國企業等展開溝通，就如何推進國與國之間以及區域範圍會計準則趨同問題，進行多方諮詢和探討研究。

4. 儲備東盟會計人才

無論做什麼事情，人才都是關鍵。中國和馬來西亞會計合作，雙方都必須有這方面的人才。加強國際會計教育，培養東盟會計人才，就顯得尤為重要。這方面中馬兩國也應當採取合作的方式，首先是解決專業化師資的問題。雙方的高校應當建立合作機制，高校教師及學者要多進行訪問交流，跟隨學習相關課程，展開合作研究。其次，雙方的高校都應開設國際貿易、國際投融資、國際稅收、東盟會計與財務等相關課程；應建立交換機制，讓雙方的學生到對方的高校學習相關課程。同時，兩國政府也應鼓勵雙方的會計行業組織、會計師事務所等展開交流合作，為區域會計人才的培養和鍛煉，提供更多的平臺和更多的途徑。

四、中國與新加坡會計準則的比較

(一) 中國與新加坡會計準則體系的比較

中國和新加坡會計準則體系都包括了會計準則、會計準則實用解釋和會計準則實用指南三個層次，但中國會計準則體系多了1項基本準則，而新加坡具有同等作用的財務概念框架不作為準則體系裡的內容。(如表4-13)

表 4-13　　中國與新加坡會計準則體系比較

中國	新加坡
①企業會計基本準則 ②企業會計具體準則（企業會計準則和小企業會計準則） ③企業會計準則應用指南 ④企業會計準則解釋	①會計準則（財務報告準則、小企業財務報告準則） ②會計準則實用解釋 ③會計準則實用指南

(二) 中國與新加坡具體會計準則的比較

中新兩國具體準則構成的對比（參見表5-2），我們可以看出，由於中國和新加坡都把向國際會計準則趨同作為基本考慮，所以，兩國當前的會計準則有以下共同點：首先，兩國的具體準則都有針對大中型企業或上市公司的企業會計準則或財務報告準則以及針對小企業的會計準則或財務報告準則；其次，目前兩國有財務報表列報、存貨、在其他主體中權益的披露、公允價值計量等28項準則大致相同。但由於政治、經濟、文化等原因，中國和新加坡兩國有14項準則存在較大的差異。例如新加坡《FRS19 雇員福利》《FRS26 退休金的會計與報告》包括了中國《CAS9 職工薪酬》《CAS10 企業年金基金》的內容；新加坡《FRS104 保險合同》涵蓋了中國的《CAS25 原保險合同》《CAS26 再保險合同》的內容；新加坡的《FRS109 金融工具》涵括了中國《CAS22 金融工具確認與計量》《CAS23 金融資產轉

移》和《CAS24 套期保值》三個準則的內容；中國《CAS2 長期股權投資》涵蓋了新加坡《FRS28 聯營中的投資》《FRS31 合營中的權益》兩個準則的內容。此外，新加坡的《FRS29 惡性通貨膨脹經濟中的財務報告》《FRS114 管制遞延帳戶》和《FRS115 源自客戶合同的收入》等準則，中國目前還沒有或未生效（見表4-14）。而有關公允價值應用的差異、資產減值損失轉回的差異以及同一控制下企業合併會計處理的差異，因與中國和馬來西亞具體會計準則差異近似，此處不再贅述。

表4-14　中國與新加坡具體會計準則差異比較

中國	新加坡
①CAS9 職工薪酬 　CAS10 企業年金基金	①FRS19 雇員福利 　FRS26 退休金會計與報告
②CAS2 長期股權投資	②FRS28 聯營中的投資 　FRS31 合營中的權益
③暫無	③FRS29 惡性通貨膨脹經濟中的財務報告
④CAS8 資產減值	④FRS36 資產減值
⑤CAS5 生物資產	⑤FRS41 農業
⑥CAS25 原保險合同 　CAS26 再保險合同	⑥FRS104 保險合同
⑦CAS20 企業合併	⑦FRS103 企業合併
⑧CAS22 金融工具確認和計量 　CAS23 金融資產轉移 　CAS24 套期保值	⑧FRS109 金融工具
⑨暫無	⑨FRS114 管制遞延帳戶
⑩暫無	⑩FRS115 源自客戶合同的收入

第五章　中國-東盟自由貿易區環境下會計準則趨同和發展的障礙及對策

第一節　中國-東盟自由貿易區主要國家會計準則與 IAS/IFRS 比較分析

一、中國-東盟自由貿易區主要國家會計準則與 IAS/IFRS 總體比較分析

現行的國際會計準則體系包括國際會計準則（IAS）和國際財務報告準則（IFRS）兩部分。IAS 是由國際會計準則委員會（IASC）於 1973 年至 2000 年發布的。2001 年，國際會計準則理事會（IASB）取代了 IASC 之後，國際會計準則理事會對部分國際會計準則做出了修訂，並以新的國際財務報告準則（IFRS）取代某些 IAS，對於原 IAS 未涵蓋或採納的內容，IASB 則提出了新的國際財務報告準則。IASB 和 IASC 已頒布的準則共有 58 項，其中 IAS 有 41 項，IFRS 有 17 項；除去被取代和被撤銷的 17 項，尚未生效的 1 項，現行生效的準則共有 40 項，其中 IAS 有 24 項，IFRS 有 16 項。近年來，國際會計準則理事會對國際

財務報告準則進行了修訂完善,各國的會計準則因翻譯等原因,更新有一定的滯後性,為了進一步與 IAS/IFRS 趨同,我們做了中國-東盟自由貿易區主要國家的會計準則與 IAS/IFRS 趨同情況表(見表 5-1)和總體對比表(見表 5-2),以便我們分析中國-東盟自由貿易區主要國家會計準則與 IAS/IFRS 趨同情況及存在的差異。

表 5-1　　　中國-東盟自由貿易區主要國家的
會計準則與 IAS/IFRS 趨同情況表

國家	會計準則國際趨同的現狀
中國	2006 年 2 月 16 日中國財政部頒布和 IFRS 實質趨同的新企業會計準則,並於 2007 年 1 月 1 日開始在上市公司實施。2014 年 7 月中國財政部新頒布 3 項會計準則,並修訂發布了長期股權投資、職工薪酬、財務報表列報、合併財務報表、金融工具列報 5 項會計準則,2017 年中國財政部新頒布 1 項會計準則,並修訂了收入、政府補助、金融工具確認和計量、金融資產轉移、套期會計金融工具列報 6 項會計準則;2018 年中國財政部修訂了租賃準則,保持了與國際會計準則的持續趨同
越南	越南 1996 年成立會計準則指導委員會,並於 2001 年 12 月 31 日首次頒布越南會計準則。2001 年至 2006 年 8 月,越南財政部先後頒布了 30 項會計準則,越南財政部要求越南國內的上市及非上市公司都要執行越南會計準則。現行越南會計準則(VAS)是根據截至 2003 年發布的國際會計準則制訂的,並且根據越南國內的環境及會計制度做了適當的修訂,但到目前為止,越南還沒有宣布全面採用國際財務報告的日期
泰國	泰國會計行業聯合會(FAP,泰國的會計準則制定機構)正在大力推動 IFRS 的全面採用,並將其作為泰國財務報告準則(TFRS)。從 2016 年 1 月 1 日起,除金融工具準則外,採用 IFRS(2015 年合訂版);計劃從 2017 年 1 月 1 日起,採用 IFRS(2016 年合訂版),其中金融工具準則將於 2019 年開始採用,但鼓勵企業提前採用該準則

表5-1(續)

國家	會計準則國際趨同的現狀
馬來西亞	馬來西亞於1978年即已開始部分採用國際會計準則，2005年，馬來西亞會計準則更名為馬來西亞財務報告準則，以保持與國際財務報告準則名稱上的一致性。2012年起，馬來西亞所有公開上市公司以及其他公共責任主體所適用的會計準則與國際財務報告準則全面趨同。2017年1月1日起，馬來西亞的中小企業將全面執行進行有限修訂後的馬來西亞私營機構報告準則（MPERS），MPERS效力等同於國際財務報告準則中小企業實體版（IFRS for SMES）
新加坡	2007年11月，新加坡會計準則委員會（ASC）所取代公司披露與治理委員會制定與發布會計準則及準則解釋，新加坡公司使用的準則已經與國際財務報告準則高度一致。2012年1月1日，除執行日期等細微差異外，新加坡會計準則（SFRS）與IFRS幾乎完全一致。2014年5月，新加坡會計準則委員會宣布，在新加坡上市的股份有限公司將在2018年採用與國際財務報告準則完全相同的格式披露其財務狀況

表 5-2 中國-東盟自由貿易區主要國家的會計準則與 IAS/IFRS 的總體對比表

國際會計準則和國際財務報告準則（IAS/IFRS）	中國（CAS）	越南（VAS）	泰國（TAS）	馬來西亞（MFRS）	新加坡（SFRS）
IAS1 財務報表列報（Presentation of Financial Statements）	CAS30 財務報表列報	VAS21 財務報表列報	TAS1 財務報表列報	MFRS101 財務報表列報	FRS1 財務報表列報
IAS2 存貨（Inventories）	CAS1 存貨	VAS2 存貨	TAS2 存貨	MFRS102 存貨	FRS2 存貨
IAS3 合併財務報表（已被 IAS27 和 IAS28 取代）	—	—	—	—	—
IAS4 折舊會計（已被 IAS16、IAS22 和 IAS38 取代）	—	—	—	—	—

表5-2(續)

國際會計準則和國際財務報告準則（IAS/IFRS）	中國（CAS）	越南（VAS）	泰國（TAS）	馬來西亞（MFRS）	新加坡（SFRS）
IAS5 財務報表中披露的信息（已被 IAS1 取代）	—	—	—	—	—
IAS6 物價變動會計（已被 IAS15 取代）	—	—	—	—	—
IAS7 現金流量表（Cash Flow Statements）	CAS31 現金流量表	VAS24 現金流量表	TAS7 現金流量表	MFRS107 現金流量表	FRS7 現金流量表
IAS8 當期淨損益、重大差錯和會計政策變更（Accounting Policies, Changes in Accounting Estimates and Error）	CAS28 會計政策、會計估計變更和差錯更正	VAS29 會計政策、會計估計變更和差錯	TAS8 會計政策、會計估計變更與差錯	MFRS108 會計政策、會計估計變更與差錯	FRS8 會計政策、會計估計和會計差錯變更
IAS9 研發活動會計（已被 IAS38 取代）	—	—	—	—	—
IAS10 資產負債表日後事項（Events after the Balance Sheet Date）	CAS29 資產負債表日後事項	VAS23 資產負債表日後事項	TAS10 資產負債表日後事項	MFRS110 資產負債表日後事項	FRS10 資產負債表日後事項
IAS11 建築合同（Construction Contracts）（將於 2017 年 1 月 1 日被 IFRS15 取代）	CAS15 建造合同	VAS15 建造合同	TAS11 建造合同	MFRS111 建築合同	FRS11 建造合同
IAS12 所得稅（Income Taxes）	CAS18 所得稅	VAS17 所得稅	TAS12 所得稅	MFRS112 所得稅	FRS12 所得稅
IAS13 流動資產和流動負債的列報（已被 IAS1 取代）	—	—	—	—	—
IAS14 分部報告（已被 IFRS8 取代）	—	—	—	—	—
IAS15 反應價格變動影響的信息（2003 年已被撤銷）	—	—	—	—	—
IAS16 不動產，廠房及設備（Property Plant and Equipment）	CAS4 固定資產	VAS3 固定資產	TAS16 不動產、廠房及設備	MFRS116 不動產、廠房及設備	FRS16 不動產、廠房和設備

表5-2(續)

國際會計準則和國際財務報告準則（IAS/IFRS）	中國（CAS）	越南（VAS）	泰國（TAS）	馬來西亞（MFRS）	新加坡（SFRS）
IAS17 租賃（Leases）（將於2019年1月1日被IFRS16取代）	CAS21 租賃	VAS6 租賃	TAS17 租賃	MFRS117 租賃	FRS17 租賃
IAS18 收入（Revenue）（將於2017年1月1日被IFRS15取代）	CAS14 收入	VAS14 收入與其他收益	TAS18 收入	MFRS118 收入	FRS18 收入
IAS19 雇員福利（Employee Benefits）	CAS9 職工薪酬		TAS19 雇員福利	MFRS119 雇員福利	FRS19 雇員福利
IAS20 政府補助會計和政府援助的披露（Accounting for Government Grants and Disclosure of Government Assistance）	CAS16 政府補助		TAS20 政府補助會計和政府援助的披露	MFRS120 政府補助會計和政府援助的披露	FRS20 政府補助會計和政府援助的披露
IAS21 匯率變動的影響（The Effects of Changes in Foreign Exchange Rates）	CAS19 外幣折算	VAS10 匯率變動的影響	TAS21 匯率變動的影響	MFRS121 匯率變動的影響	FRS21 外匯匯率變動影響
IAS22 企業合併（已被 IFRS3 取代）	—	—	—	—	—
IAS23 借款費用（Borrowing Costs）	CAS17 借款費用	VAS16 借款費用	TAS23 借款費用	MFRS123 借款費用	FRS23 借款費用
IAS24 關聯方披露（Related Party Disclosures）	CAS36 關聯方披露	VAS26 關聯方披露	TAS24 關聯方披露	MFRS124 關聯方披露	FRS24 關聯方揭露
IAS25 投資會計（已被 IAS39 和 IAS40 取代）	—	—	—	—	—
IAS26 退休福利計劃的會計和報告（Accounting and Reporting by Retirement Benefit Plans）	CAS9 職工薪酬、CAS10 企業年金基金	—	TAS26 退休福利計劃的會計和報告	MFRS126 退休福利計劃的會計和報告	FRS26 退休金會計與報告

表5-2(續)

國際會計準則和國際財務報告準則（IAS/IFRS）	中國（CAS）	越南（VAS）	泰國（TAS）	馬來西亞（MFRS）	新加坡（SFRS）
IAS27 合併財務報表及對子公司投資會計（2013年1月1日被IFRS10取代）	—	VAS25 財務報表合併與子公司投資會計	—	—	—
IAS28 對聯營企業投資會計（Investments in Associates）	CAS2 長期股權投資	VAS7 聯營中的投資會計	TAS28 聯營中的投資	MFRS128 聯營和合營企業的投資	FRS28 聯營中的投資
IAS29 惡性通貨膨脹經濟中的財務報告（Financial Reporting in Hyperinflationary Economies）	—	—	TAS29 惡性通貨膨脹經濟中的財務報告	MFRS129 惡性通貨膨脹經濟中的財務報告	FRS29 惡性通貨膨脹經濟中的財務報告
IAS30 銀行和類似金融機構財務報表中的披露（Disclosures in the Financial Statements of Banks and Similar Financial Institutions）	—	VAS22 銀行和類似金融機構	—	—	—
IAS31 合資中的權益（Interests in Joint Ventures）	CAS2 長期股權投資	VAS8 合營中的權益	TAS31 合營中的權益	—	FRS31 合營中的權益
IAS32 金融工具：披露和列報（被IFRS7取代）	—	—	—	MFRS132 金融工具：列報	—
IAS33 每股收益（Earning per Share）	CAS34 每股收益	VAS30 每股收益	TAS33 每股收益	MFRS133 每股收益	FRS33 每股收益
IAS34 中期財務報告（Interim Financial Report）	CAS32 中期財務報告	VAS27 中期財務報告	TAS34 中期財務報告	MFRS134 中期財務報告	FRS34 中期財務報告
IAS35 終止經營（已被IFRS5取代）	—	—	—	—	—
IAS36 資產減值（Impairment of Assets）	CAS8 資產減值	—	TAS36 資產減值	MFRS136 資產減值	FRS36 資產減值

表5-2(續)

國際會計準則和國際財務報告準則(IAS/IFRS)	中國(CAS)	越南(VAS)	泰國(TAS)	馬來西亞(MFRS)	新加坡(SFRS)
IAS37 準備、或有負債和或有資產(Provisions, Contingent Liabilities and Contingent Assets)	CAS13 或有事項	VAS18 準備、或有資產和或有負債	TAS37 準備、或有負債和或有資產	MFRS137 準備、或有負債和或有資產	FRS37 準備、或有負債和或有資產
IAS38 無形資產(Intangible Assets)	CAS6 無形資產	VAS4 無形資產	TAS38 無形資產	MFRS138 無形資產	FRS38 無形資產
IAS39 金融工具：確認和計量(已被IFRS9 取代)	—	—	—	—	—
IAS40 投資性房地產(Investment Property)	CAS3 投資性房地產	VAS5 投資性房地產	TAS40 投資性房地產	MFRS140 投資性房地產	FRS40 投資性房地產
IAS41 農業(Agriculture)	CAS5 生物資產		TAS41 農業	MFRS141 農業	FRS41 農業
IFRS1 首次採用國際財務報告準則(First Time Adoption of International Financial Reporting Standards)	CAS38 首次執行企業會計準則	—	—	MFRS1 首次採用財務報告準則	FRS101 首次採用財務報告準則
IFRS2 以股份為基礎的支付(Share-based Payment)	CAS11 股份支付	—	TFRS2 以股份為基礎的支付	MFRS2 以股份為基礎的支付	FRS102 股權支付方式交易
IFRS3 企業合併(Business Combinations)	CAS20 企業合併	VAS11 企業合併	TFRS3 企業合併	MFRS3 企業合併	FRS103 企業合併
IFRS4 保險合同(Insurance Contracts)	CAS25 原保險合同、CAS26 再保險合同	VAS19 保險合同	TFRS4 保險合同	MFRS4 保險合同	FRS104 保險合同
IFRS5 持有待售的非流動資產和終止經營(Non-current Assets Held for sale and Discontinued Operations)	CAS42 持有待售的非流動資產處置組和終止經營	—	TFRS5 持有待售的非流動資產和終止經營	MFRS5 持有待售的非流動資產和終止經營	FRS105 持有待售的非流動資產和終止經營

第五章　中國-東盟自由貿易區環境下會計準則趨同和發展的障礙及對策

表5-2(續)

國際會計準則和國際財務報告準則（IAS/IFRS）	中國（CAS）	越南（VAS）	泰國（TAS）	馬來西亞（MFRS）	新加坡（SFRS）
IFRS6 礦產資源的勘察與評估（Exploration for and Evaluation of Mineral Resources）	CAS27 石油天然氣開採	—	TFRS6 礦產資源的勘察與評估	MFRS6 礦產資源的勘察與評估	FRS106 礦產資源的勘察與評估
IFRS7 金融工具：披露（Financial Instruments: Disclosures）	CAS37 金融工具列報	—	TFRS7 金融工具：披露	MFRS7 金融工具：披露	FRS107 金融工具：披露
IFRS8 經營分部（Operating Segments）	CAS35 分部報告	VAS28 分部報告	TFRS8 經營分部	MFRS8 經營分部	FRS108 經營分部
IFRS9 金融工具（Financial Instruments）	CAS22 金融工具確認和計量、CAS23 金融資產轉移、CAS24 套期保值		TFRS9 金融工具	MFRS9 金融工具(2014)	FRS109 金融工具
IFRS10 合併財務報告（Consolidated Financial Statement）（2013年1月1日起生效）	CAS33 合併財務報表		TFRS10 合併財務報告	MFRS10 合併財務報告	FRS110 合併財務報告
IFRS11 合營安排（Joint Arrangements）（2013年1月1日生效）	CAS40 合營安排	—	TFRS11 合營安排	MFRS11 合營安排	FRS111 合營安排
IFRS12 在其他主體中權益的披露（Disclosure of Interests in Other Entities）（2013年1月1日生效）	CAS41 在其他主體中權益的披露		TFRS12 其他主體中權益的披露	MFRS12 其他主體中權益的披露	FRS112 其他主體中權益的披露
IFRS13 公允價值計量（Fair Value Measurement）（2013年1月1日生效）	CAS39 公允價值計量		TFRS13 公允價值計量	MFRS13 公允價值計量（2013年1月1日生效）	FRS113 公允價值計量

表5-2(續)

國際會計準則和國際財務報告準則(IAS/IFRS)	中國(CAS)	越南(VAS)	泰國(TAS)	馬來西亞(MFRS)	新加坡(SFRS)
IFRS14管制遞延帳戶（Regulatory Deferral Accounts）(2016年1月生效)			TFRS14管制遞延帳戶	MFRS14管制遞延帳戶（2016年1月生效）	FRS114管制遞延帳戶
IFRS15源自客戶合同的收入（Revenue from Contracts with Customers）（2017年1月1日起生效）				MFRS15源自客戶合同的收入（2018年1月1日起生效）	FRS115源自客戶合同的收入（2018年1月1日起生效）
IFRS16租賃（Leases）（2019年1月1日起生效）				MFRS16租賃（2019年1月1日起生效）	FRS116租賃（2019年1月1日起生效）
IFR17保險合同（Insurance Contrats）（2021年1月1日起生效）					

中國會計準則資料來源：http://www.mof.gov.cn/

越南會計準則資料來源：http://www.mof.gov.vn/

泰國會計準則資料來源：http://www.fap.or.th/

馬來西亞財務報告準則資料來源：http://www.masb.gov.my/

新加坡財務報告準則資料來源：http://www.asc.gov.sg/

二、中國-東盟自由貿易區主要國家會計準則與IAS/IFRS具體比較分析

（一）中國會計準則與IAS/IFRS比較分析

中國於2006年頒布的1項基本準則和38項具體準則，2014年頒布的3項具體準則，2017年頒布的1項具體準則，實現了與國際會計整體框架的一致。但由於中國的市場經濟發展、監管及資源配置仍處於初級層面、由財政部制定並頒布的企業會計準則具有強制性、文化環境更強調集體主義等原因，造成中

國會計準則與國際財務報告準則或多或少存在一定程度上的差異，主要體現為三個方面：一是財務概念框架的差異。中國目前還沒有真正意義上的財務概念框架，只有起著相似作用的《企業會計準則——基本準則》，2014年7月，新修訂的《企業會計準則——基本準則》在內容上體現了與國際趨同，但靈活性和對會計環境的變化做出快速反應能力不如IASB概念框架。二是計量模式上的差異。中國新企業會計準則於2007年頒布實施後，對公允價值計量採取了謹慎的態度，2014年新增了《企業會計準則第39號準則——公允價值計量》，基本同意國際會計準則理事會對公允價值的定義。但公允價值計量制定和施行要依靠雄厚的市場經濟，對於中國來說還不擁有良好的市場經濟基礎。因此，在對會計要素進行計量時，中國企業會計準則與國際財務報告準則存在差異。中國新企業會計準則規定「企業對會計要素進行計量時，一般應採用歷史成本」，只有在經濟環境和市場條件特定的情況下，才能對特定資產或交易採用公允價值計量。而國際財務報告準則中公允價值計量是與歷史成本計量並列的計量模式。三是信息披露的差異。2007年中國新會計準則頒布時，與國際會計準則的一個重要的差異是作為關聯方的同受國家控制而不存在其他關聯方關係的企業信息的披露要求。中國《企業會計準則第36號——關聯方披露》規定，同受國家控制而不存在其他關聯方關係的企業，不構成關聯方，這些企業之間的交易無須作為關聯方交易披露。國際會計準則未在關聯方定義中對政府相關企業做出豁免，2011年國際會計準則已對《第24號準則——關聯方披露》進行了修訂，修訂後的準則與中國《企業會計準則第36號—關聯方披露》基本趨同。此外，中國沒有專門的惡性通貨膨脹經濟中的財務報告及銀行和類似金融機構財務報表中的披露準則，對於銀行和類似金融機構財務報表中的披露在《CAS30——財務報表列報》中

一起規範。

(二) 越南會計準則與 IAS/IFRS 比較分析

2001年1月1日越南首次頒布了存貨、固定資產、無形資產和收入及其他收入4項會計準則,越南從此走上了會計準則國際趨同之路,直至2005年共頒布了26項會計準則,越南會計準則2005年以後國際趨同的步伐有所減緩,至今還沒有新的會計準則頒布。越南現行的準則中,有8個準則與 IAS/IFRS 相一致,其他存在差異的準則是以 IAS/IFRS 為基礎,結合本國實際情況而制定的,主要的差異表現有以下幾個方面:一是概念框架的差異。越南目前還沒有真正意義上的財務報告概念框架,只有起著相似作用的《企業會計準則第1號——總則》,但內容上與國際會計準則存在明顯的差異,本書在第四章第二節《中國-東盟自由貿易區主要國家財務報告概念框架的比較》做了論述,此處不再贅述。二是公允價值的運用。越南對公允價值的運用比較晚,直到2003年才大膽地將公允價值運用到多項準則中,越南現行的26項會計準則中有租賃、投資性房地產、對聯營企業的投資以及企業合併等8項準則直接或間接要求運用公允價值計量,這與現行的 IAS/IFRS 對公允價值的運用差距甚遠。三是財務報告及信息披露的差異。越南會計準則財務報告包括會計平衡表、經營成果報表、現金流量表以及財務報告說明書,沒有要求提供所有者權益變動表,資產負債表中沒有列示投資性房地產、金融工具、生物資產、遞延所得稅等項目,而這些在 IAS/IFRS 中都要求列示。與 IFRS4 保險合同相比較,VAS19 對於有關保險風險的相關信息不做披露要求;與 IFRS7 金融工具的披露準則相比較,越南在這方面沒有制定與之相對應的準則。因此,越南也未就金融工具的相關事項做出全面具體的披露要求。四是資產減值的核算。越南會計準則中沒有單獨的資產減值準則,只在存貨準則中規定了存貨按照可變現淨

值與歷史成本孰低進行確認及計量減值準備，沒有規定固定資產和無形資產的減值準備問題；而國際會計準則將資產減值單獨作為一個會計準則，要求在每個資產負債表日對資產進行減值測試，對已減值的資產計提減值準備。由於經濟的發展和科學技術的進步，資產的更新很快，價值減值的速度也在加快，無形資產更是如此，而越南會計準則中沒有規定對固定資產和無形資產計提減值準備，這也給企業虛增資產提供了可能，也為企業借此操縱利潤提供了機會。五是 IAS/IFRS 現行的準則中，仍然有很多準則沒有在越南的準則中得到反應，如雇員福利、退休福利計劃的會計和報告、政府補助會計和政府援助的披露、惡性通貨膨脹經濟中的財務報告、資產減值、金融工具確認和計量、以股份為基礎的支付、農業、合營安排、持有待售的非流動資產和終止經營、礦業資產的勘探與評估等，這些準則大多數與公允價值、金融工具有著一定的聯繫，由此可見，越南在會計趨同的道路上還是相當謹慎的，在選擇準則上是有取捨的。

（三）泰國會計準則與 IAS/IFRS 比較分析

2013 年以前，泰國會計準則有包括疑帳和壞帳、房地產企業的收入確認、債務重組、債券與權益證券投資會計、投資公司會計這五項是 IAS/IFRS 所沒有的。2013 年之後，泰國會計行業聯合會（FAP）正在大力推動 IFRS 的全面採用，並將泰國會計準則改為泰國財務報告準則（TFRS），除保險合同、農業以及金融工具準則外，TFRS 基本上逐字翻譯了 2013 年合訂版的 IFRS。從 2016 年 1 月 1 日起，除金融工具準則外，全部採用 2015 年合訂版的 IFRS。從 2017 年 1 月 1 日起，全面採用 2016 年合訂版的 IFRS，其中金融工具準則將於 2019 年開始採用，但鼓勵企業提前採用該準則。由於需將 IFRS 相關準則譯成泰語，因此，FAP 規定泰國採用 IFRS 新準則和修訂後的準則，不得晚

於 IAS/IFRS 生效日期的一年。

（四）馬來西亞會計準則與 IAS/IFRS 比較分析

1978 年馬來西亞採納了幾個國際會計準則（IAS），這是馬來西亞會計國際化的起點。1979 年，馬來西亞加入國際會計準則委員會（IASC），之後便採納了絕大多數的國際會計準則作為本國的會計準則；2005 年 1 月由馬來西亞會計準則理事會（MASB）頒布的會計準則更名為馬來西亞財務報告準則（MFRS）；自 2012 年 1 月起，馬來西亞會計準則理事會（MASB）要求所有非私營機構採用與國際財務報告準則（IFRS）完全一致的 MFRS，但該年只有 80%的上市公司執行了這個規定；2016 年 1 月，MASB 要求所有的私營機構採用新的《馬來西亞私營機構報告準則（MPERS）》；以 2018 年 1 月 1 日為限，此前剩餘 20%的農業及房地產類上市公司將依法採用馬來西亞財務報告準則（MFRS）。① 因此，到 2018 年除了 FRSi-1 伊斯蘭金融機構財務報表列報、FRS201 房地產開發活動、FRS202 一般保險企業、FRS203 人壽保險企業和 FRS204 水產業會計 5 個馬來西亞特有的會計準則外，馬來西亞將於國際財務報告準則全面趨同。

（五）新加坡會計準則與 IAS/IFRS 比較分析

2002 年新加坡修訂了《公司法》，並由公司披露與治理委員會（CCDG）取代註冊會計師協會負責制定與發布會計準則及準則解釋，其所制定的會計準則稱為「新加坡財務報告準則」，是根據國際會計準則理事會發布的國際財務報告準則制定的，與 IFRS 極其相似。2007 年 8 月新加坡會計準則委員會（ASC）根據 2007 年國會通過的會計準則法令接替 CCDG 負責制定新加

---

① 資料來源：中國註冊會計師協會，http://www.cicpa.org.cn/topnews/201601/20160107_48061.html

坡會計準則，通過立法來規定公司遵守會計準則，確立了準則的權威性，這也是與國際慣例接軌的體現。ASC 所制定的 FRS 仍基本採用了 IASB 發布的 IFRS，但 ASC 對 IASB 的每個準則都要在仔細考慮後才能應用為新加坡的準則，新加坡修改了若干條 IFRS 的確認與計量準則。比如 IFRS 中的「關於惡性通貨膨脹經濟」「退休福利」「物價變動」等在新加坡並沒有對應的準則。直至 2012 年 1 月 1 日，新加坡的會計準則完全接受國際財務報告準則（IFRS），與 IFRS 實現全面趨同。

第二節　中國–東盟自由貿易區會計準則趨同與發展的障礙

一、會計準則國際趨同與發展的障礙

（一）利益均衡與協調問題

國際會計準則理事會（IASB）是目前公認的國際會計趨同與國際會計協調的組織機構，IASB 希望世界各國和地區能夠完全採用 IFRS，而不僅僅是停留在趨同層面上，以真正實現全球使用同一套會計準則的目標。為此 IASB 必須調解各區域和各國以自己為出發點的不同觀點，除了考慮經濟發達國家的利益，還需要管理和平衡來自發展中國家的利益。主要包括：第一，在不同法系國家之間的平衡。由於 IASB 主要得到英國、美國、加拿大、澳大利亞、新西蘭五個被稱之為 G4+1 的普通法系國家的支持，因此，IFRS 也主要構建於這些國家普通法系的制度基礎之上，反應了他們對財務報告的需求（Ball，2006）。第二，發達國家與發展中國家的平衡。IFRS 準則制定的原點決定了其更適用於發達國家的資本市場，更多反應發達市場經濟的特點。

對新興市場經濟國家而言，市場還遠未達到成熟階段，有嚴厲的政府控制和頻繁的政策介入，會計數據可能無法完全反應權益的價值和市場回報。IASB 是國際會計準則的制定機構，它所制定的會計準則應面向全球，而在全球，經濟欠發達的國家占 90%左右，IASB 制定的框架與準則如果過分發達化，許多其他國家則可能望而卻步。第三，IFRS 在不同國家中進行的業務存在著標準制定和解釋方式上的差異平衡。例如，公允價值的使用，由於新興市場經濟體公允價值在很多情況下難以取得並進行可靠計量，而且公允價值最初是少數發達市場的產物，因此，新興市場與發達市場運用公允價值計量保持一致是不切實際的。IASB 在促進全球可比的要求下，需要尋求優化的方法來協調國家間的環境差異。第四，各種利益集團的政治平衡。在金融危機的影響下，一方面更多國家、地區和會計組織願意積極走到一起共同溝通協調；另一方面 IASB 面臨著更多的利益集團遊說甚至單方面的非會計技術性壓力（Zeff，2002）。全球金融危機後，各國都變得越來越關注會計準則的經濟後果，根據技術層面的價值與根據經濟後果做決定之間存在衝突，使會計準則的制定面臨嚴重的政治壓力。IFRS 制定的政治化趨勢明顯，很多政治、經濟利益勢力捲入會計準則的制定之中，個別地區的權威性利益集團會遊說反對 IASB 的提議，使得從政治角度來講不可能達成統一觀點，未來的會計準則發展方向更加複雜。

（二）IFRS 制定權的分享問題

會計準則作為一種技術標準，受其社會屬性影響較大，是利益各方博弈的結果和一種經濟制度的安排。IAS/IFRS 的制定權體現了共有產權和私有產權雙重特徵。國際會計準則委員會（IASC）在制定國際會計準則（IAS）的過程中，充分考慮到各國的利益，IAS 的制定權具有共有產權的特徵，但從產權經濟學上來說，共有產權通常會導致低效率，而使 IASC 所推行的會計

協調制度沒有達到預期的效果。IASC改組成為國際會計準則理事會（IASB）之後，14個席位中英美國家占了7個，發展中國家只擁有1個席位，IFRS的制定過程更多的是發達國家的參與，具有私有產權的特徵。雖然國際財務報告準則的制定具有了私有產權的高效率，但從經濟後果來看，私有產權使合約的利益具有不平等性。IASB制定的IFRS的內容更多地體現英美或歐盟等發達國家或一體化組織的利益，如果發展中國家在本國會計準則國際化進程中，一味向IFRS靠攏，那麼會計準則國際化的改革成本將由發展中國家承擔。因此，發展中國家在向會計國際化趨同時，要努力爭取參與國際財務報告準則的制定，在IFRS的制定過程中擁有話語權。

（三）會計準則國際化與會計國家化之間的矛盾

會計作為一種管理活動，兼具技術性和會計的社會性雙重屬性。在全球經濟不斷走向一體化的背景下，會計國際化成為會計技術發展的必然要求。每個國家的會計技術的國際化，必須通過學習引進其他國家的先進技術方法。因此，會計技術發展的要求使國際會計趨同成為可能。但是會計的社會性在不斷接受會計技術國際化的同時，會計的社會屬性總在一定的範圍內服務於特定的利益集團，為了不同的利益追求而表現出排他性的一面。會計社會屬性的差異，在會計國際化進程中將在一定程度上被消除，但不會徹底消失，還可能會長期存在。會計國家化如果採用國際上公認的會計原則和方法來處理、報告本國的經濟業務，實質上就是會計準則的國際化。會計準則國際趨同甚至會計全球標準化，最大的益處是會計信息國際可比，節約轉換成本，提高跨國企業的管理效率。「所謂國家化，是指會計作為一種經濟管理活動，它是與特定環境下的社會制度、經濟體制、文化素養和生產力發展水準緊密相連的（閻達五、陳亞民，1992）。」會計國家化是會計國際化的前提和基礎，會

計國際化進程中的最大障礙又是會計國家化，因為不管會計準則是國際化還是國家化，都深受一個國家或地區諸多特定因素的影響，會計國際化和會計國家化將處於一種長期矛盾的狀態中，正如有學者指出：「會計國際化與國家化是一對此消彼長的矛盾統一體，他們在很多方面是相互排斥的，可以說國家化在很大程度上阻礙著國際化，國際化又在很大程度上削弱著國家化；而國家化與國際化又深刻的扎根於政治、經濟、思想、文化等諸多社會因素之中，這樣的矛盾將會長期存在。」①

（四）會計環境的差異

會計屬於社會科學範疇，會計準則本質上是一種經濟制度，會計理論與會計方法都直接或間接受到會計環境的影響。會計與會計環境的關係是雙向的，會計是植根於一定的環境土壤中，當外部環境發生變化時，會計行為也必然做出改變，以適應會計環境改變的需要。同時，日益發展和成熟的會計，作為經濟的一個部分，既推動著社會經濟的發展，又反過來服務於會計環境。世界各國或地區的會計環境的差異性，將構成會計趨同的障礙。即使會計準則達到了形式趨同，仍然會出現實質意義上的差異。事實上，很多國家雖然採用了國際財務報告準則，但是在採用的過程中，許多國家針對自身的情況不自覺地打上了本國或本民族的烙印，這些烙印將會降低財務信息的可比性。此外，IASB 發布的金融工具、企業合併等準則是基於發達的資本市場背景下制定的，但這些準則對於發展中國家或新興的經濟體未必適用。執行不適應本國經濟環境的會計準則，最終的結果不是增強本國會計信息的相關性和可比性，而是適得其反。另外，國際財務報告準則是以原則導向制定的，這就意味著會

---

① 梁淑紅. 國際會計趨同視角下的中國-東盟會計比較研究 [M]. 北京：中國社會科學出版社，2011：17-27.

計準則體現出很大的會計選擇空間，企業會計人員在會計政策的選擇上掌握著更大的自主權，需要更強的職業判斷能力和職業道德標準。會計人員素質的高低與會計政策的選擇直接相關，會計人員的判斷與選擇直接影響了會計信息的公允性。世界各國會計人員職業判斷能力和職業道德水準的差異，也將會影響會計國家化的進程。

二、中國-東盟自由貿易區會計準則趨同與發展的障礙

（一）區域利益均衡和協調問題

中國-東盟自由貿易區的建立目的在於促進區域經濟的發展和社會福利水準的提高，並要求體現效率和公平的兼顧。但由於自由貿易區內各國政治制度、文化和經濟、社會發展水準的差異，以及各國加入自由貿易區的目的不同。中國與東盟國家間雖存在經濟上的互補性，但也存在著相似性、排斥性，區域經濟一體化和保護本國民族經濟利益必然發生衝突，這就會存在各國在自由貿易區框架下利益的調整問題。區域性經濟一體化組織對於會計國際化具有積極和消極兩方面的作用。從積極方面看，它是推動會計的區域化、推動會計國際趨同的重要手段，是增進本區域經濟、貿易、金融交易的重要途徑；而從消極方面來說，它則可能為更大範圍的會計國際化帶來阻礙。區域性會計模式一旦形成，其勢力遠比一個國家大，在會計準則趨同的過程中，每個經濟體都從自身的利弊得失去考慮問題並採取對策，最終使協調活動陷於「眾口難調」「莫衷一是」的處境，如果區域間、各國間的利益衝突不可調和，將會給會計國際化帶來更大的困難。協調好區域內各國的利益，做好區域內的會計趨同工作，是推動會計國際化的重要工作。

（二）制定權和話語權的問題

會計準則作為一種經濟合約，具有利益安排的功能。因此，

會計準則的制定，就充滿了利益集團之間的博弈，進而連會計準則的制定模式也被當作一個利益博弈的參與架構，受到各利益攸關方的高度重視。然而，現階段，國際財務報告準則的制定權被強勢國家獨占，弱勢國家在制定會計準則過程中的缺位，這也導致了它們在利益分配時處於被動的位置。少數強勢國家積極參與 IASB 制定 IFRS，客觀上確實也為世界經濟的運行提供了方便，這是應該肯定的。這些國家也投入了制定成本，但問題是其後的紅利巨大，完全與其貢獻不成比例，這就喪失了公平正義。中國-東盟自由貿易區的建立，在尊重東盟利益和主導權的基礎上，東盟各國很大程度上承認了以東盟為主導權的這一區域組織，它將推動東盟自由貿易區經濟的發展。但在 IFRS 制定權和利益分享中，中國-東盟自由貿易區不僅處於制定會計準則和利益分享的弱勢地位，還處於缺乏話語權的被動地位。因此，中國和東盟各國一樣，只能被動地接受強勢國家制定的 IFRS，這雖然減少了會計準則制定成本，但要與國際會計準則趨同，就必須耗費大量成本，並為此承擔大量難以預知的風險。

（三）區域會計趨同機構和機制問題

早在20世紀70年代，東盟各國就開始考慮會計協調的問題。1977年印度尼西亞、馬來西亞、菲律賓、新加坡和泰國這5個主要東盟國家的會計團體發起組建了東盟會計師聯盟（AFA）。AFA 自成立之初，即以構建統一的東盟會計準則作為區域內會計協調的最終目標。1978 年，AFA 的會計原則與準則委員會（CAPS）發布的《東盟會計準則（AAS）NO.1——會計原則基礎》徵求意見稿，就是以此為目的。應該說，該意見稿畢竟為東盟各國會計準則與會計實務提供了比較的基準，在這個基礎上推動整個東盟內的會計協調和統一也不是沒有可能的。然而該意見稿發布後很長一段時期內，東盟內部竟沒有一個國家對此有所表態，更別提接受執行了。這等於承認《東盟會計

準則（AAS）NO.1——會計原則基礎》沒有權威性，在東盟會計協調中沒有實質性效果。因此，AFA 之後再沒有發布任何相關的會計準則。這個情況說明，如果中國-東盟自由貿易區缺乏有效的會計協調平臺和運行機制，缺乏權威性的準則制定機構以及對準則執行的有力監督，區域會計準則的趨同和發展也將是步履維艱的。

（四）區域會計環境差異問題

儘管有中國-東盟各國的國際會計趨同作為區域會計合作與發展的背景，但中國-東盟區域會計趨同和發展仍不可避免地存在著這樣或那樣的問題，區域會計環境的差異就是一個不可迴避的問題。前面的章節我們分析了中國-東盟自由貿易區 5 個主要國家在政治、經濟、法律和文化環境等會計環境的差異對會計準則趨同與發展的影響，在這裡我們進一步探討，中國-東盟自由貿易區作為一個整體，在這種環境下，區域會計準則趨同可能遇到的障礙。首先，政治環境的不同。政治環境因素雖然逐漸被人們所忽略，但不同政治體制的國家均力圖證實本國市場經濟地位的實現。毋庸置疑，動盪的政治局勢將不利於會計準則趨同和發展。其次，經濟發展水準是影響一個國家發展水準的重要因素，它決定了各國企業的經營管理水準及資本市場的發達程度，也決定了會計信息質量的高低。中國-東盟自由貿易區 11 個國家的經濟發展水準不同，所體現出來的會計水準也不盡相同，對外提供會計信息的質量參差不齊，這對會計準則趨同極其不利。再次，法律環境的不同，會導致各國在趨同的會計準則下存在著不同的執行方式。比如，稅收法律與會計準則的差異也是阻礙國際會計準則全球趨同的因素之一，IFRS 的主要目的是服務於資本市場，而稅收法律的主要目的是確定應納稅所得稅額，這兩種不同的目的就成為阻礙趨同的重要因素。最後，文化環境不同。各國不同的宗教信仰，各國的民族構成

及其性格，都對各國的會計文化有所影響，這些影響可能有利於或不利於區域內會計準則的趨同。有些國家之所以不願趨同國際會計準則，原因就在這裡。不論是國家層面，還是公司或具體的會計人員，宗教信仰如果過於強大，往往就表現出較多的不情願。當然，還有些國家，則從主權管制角度看問題，認同 IASB 會計準則，就有主權被削弱的感覺，因此也難以接受。

第三節　中國－東盟自由貿易區會計準則趨同與發展的對策

一、中國－東盟自由貿易區會計準則趨同與發展的可能性和層次性

（一）中國－東盟自由貿易區會計準則趨同與發展的可能性

1. 多種模式並存的趨同

IFRS 作為統一的全球會計準則已不可阻擋。2008 年國際金融危機沒有擊退 IFRS 趨同的歷史潮流，反而將 IFRS 的重要性提到了前所未有的高度。隨著後金融危機時代的到來，越來越多的國家或地區將加入採用 IFRS 或與之趨同的行列中，IFRS 趨同步伐大大加快，IFRS 趨同已經成為世界各國的共識，並正在轉化為實際行動。這主要是基於以下四個理由：第一，IFRS 將會避免國家會計準則和國際會計準則之間的重複成本。這對於那些無法負擔得起國家會計準則制定的發展中國家是非常有益的。第二，IFRS 將會緩解財務報表使用者對可比性和解釋性的壓力，有利於增強不同國家或者地區財務信息的可比性，有利於降低企業的準則遵循成本和使用者的分析成本，並能夠幫助他們做出明智的商業決策。應用 IFRS 的公司會計數據比不採用 IFRS 的公司有更高的質量。採用國際會計準則的公司表現出較

少的盈餘平滑、較少的盈餘管理，能更及時地確認損失，會計數據和股價、股票收益有更高的相關性（Barth，2008）。第三，IFRS 將會減少監管者的監管成本，有利於提升國際資本市場的信心和透明度，有利於減少企業財務操縱的機會，提高全球市場監管效率。第四，IFRS 將與其他的全球化趨勢處在一個步調當中。這些全球化趨勢由那些致力於全球標準化作法的組織所推動，例如 IASB、WTO、OECD 與世界銀行等。從發展趨勢看，高質量、可理解、可監督實施的統一的全球會計準則的時代已不可阻擋。然而，當前中國-東盟自由貿易區中的不少國家已經採用了 IFRS，但是我們必須注意到這些國家採用 IFRS 的模式不盡相同。有諸如新加坡、馬來西亞等國家未做任何修訂而直接採用 IFRS 的；有像中國、泰國等採取的是經過修訂之後的 IFRS 趨同模式，保留了一些具有本國特色的內容，並表示已實現了與 IFRS 的基本趨同的；更有像越南這樣不明確趨同態度的國家。波爾（Ball，2006）斷言「執行是 IFRS 唯一致命的弱點」，由於政治和經濟等原因，IFRS 的執行在全世界會是不平衡的。IFRS 的貫徹和執行均需要依賴各個國家的法律和政治體系，而改變一個國家整體的制度性基礎設施是困難的。因此，多種模式並存的 IFRS 國際趨同是一個現實的選擇。

2. 區域內具有良好的國際會計趨同基礎

從理論上說，發展中國家為了更好地融入世界經濟市場當中，與國際會計準則接軌，推進會計趨同的意願，要比發達國家更為強烈。中國-東盟各國基本屬於發展中國家。在現實層面，東盟一些國家為了融入國際經濟一體化及區域經濟一體化潮流，其會計準則都較早開始了向國際會計趨同，而且趨同的程度比較高。這其中有被視為新興工業國家的新加坡，以及經濟欠發達的越南。中國向國際會計準則趨同起步稍晚，原因是多方面的。但由於中國的會計準則被當作發達國家不承認中國

是市場經濟國家的主要理由之一，這在客觀上加快了中國會計準則與國際會計準則趨同的步伐。總體上看，中國-東盟自由貿易區內已與國際會計準則趨同或正在推進趨同的國家已接近半數。就此而言，推動區域內會計趨同發展已具備了比較充分的條件，有了良好開端。

（二）中國-東盟自由貿易區會計準則趨同與發展的層次性

在中國-東盟自由貿易區開展區域會計趨同，應該綜合考慮多方的因素，並由此建立趨同的層次。以下是根據上述比較之後得出的與區域會計趨同與發展相關的幾個重要因素（如表5-3所示）。

表5-3　中國-東盟自由貿易區會計準則趨同與發展應考慮的重要因素

國家	允許上市公司採用IFRS	2018年人均GDP（美元）	趨同時間表	與IFRS趨同情況
中國	不允許	9,376.97	2012年	有一定差異
越南	不允許	2,481.50	無具體時間	有較大差異
泰國	允許	6,744.84	2015年	基本相同
馬來西亞	允許	10,489.65	2012年	基本相同
新加坡	允許	55,231.38	2012年	基本相同

資料來源：世界經濟信息網（www.8pu.com）

中國-東盟自由貿易區5個主要國家經濟發展水準層次不一，這必將會影響會計準則趨同和發展。5個主要國家按人均GDP可劃分為三個層次，第一層次是新加坡和馬來西亞，這兩個國家人均GDP超過了10,000美元。新加坡和馬來西亞兩國要求從2012年1月1日起國內上市公司均採用IFRS，並實現與IFRS全面趨同。第二層次是中國和泰國，人均GDP為5,000～10,000美元，中國和泰國兩國的經濟發展程度相似，兩國的會

計準則趨同和發展層次也相似。第三層次為越南，人均 GDP 低於5,000美元，其會計準則趨同和發展的程度也較低。在中國-東盟5個主要國家現行會計準則與 IAS/IFRS 趨同的層次下，我們應該在區域內制定有效的、可執行的會計準則合作與交流活動，對於新加坡、馬來西亞的交流應更多的是執行層面的交流，對於中國、泰國和越南，更多的是對如何有效地持續推動會計準則趨同程度的交流。①

二、建立 IFRS 認可的機制，提升中國-東盟自由貿易區在 IFRS 制定中的地位

實現與 IFRS 的全面趨同，意味著完全放棄本國會計準則的制定權。建立 IFRS 認可的機制，意味著在放棄本國會計準則制定權的同時建立能夠維護與本國制定的會計準則相關的利益。這一機制既可以對有可能侵蝕本國利益的 IFRS 的內容予以拒絕或有範圍的執行，又可以在放棄本國會計準則制定權的同時維護本國在 IFRS 制定中享有的權益。這方面我們可以借鑑歐盟的做法，歐盟委員會為了保證 IAS/IFRS 為歐盟上市公司的財務報告提供的編製基礎是合理的，在政治和技術兩個層面建立了 IAS/IFSR 的雙層認可機制。歐盟下設歐洲委員會（EC）和歐盟理事會兩大機構，歐洲委員會（EC）又下設財務報告諮詢團（EFRAG）、會計監督委員會（ARC）和銀行諮詢委員會（BAC）三個專門機構。EFRAG 及其技術專家組主要在政治法律層面上評估 IFRS 是否適合歐盟使用，並通過積極參與 IFRS 制定的方式，使國際會計準則委員會充分瞭解和關注歐盟所提出的重大會計問題。ARC 和 BAC 及其報表編製委員會主要在技

---

① 梁淑紅. 國際會計趨同視角下的中國-東盟會計比較研究 [M]. 北京：中國社會科學出版社，2011：251-253.

術層面上評估 IAS/IFRS 是否適用於歐盟的企業和銀行，以確保歐盟企業和金融業的利益不受損害。歐盟認可 IAS/IFRS 的程序是：首先，歐洲委員將 IFRS 交由 EFRAG、ARC 和 BAC 進行研究和審核；然後，將三個專門機構審核後存在爭議的內容轉給歐盟理事會仲裁；最後，歐洲委員會將認可的 IFRS 提交歐盟頒布實施。由歐盟認可 IAS/IFRS 的程序可以看出，要從經濟一體化層面建立認可機制，首先要有類似歐洲委員會這樣的核心機構進行領導和協調，其次要有涉及歐盟各成員國的專業性機構進行評估和審核，最後要有歐盟理事會這樣的權力機構解決爭議，並做出最後仲裁。[①] 但我們在第二章第三節《中國-東盟自由貿易區的組織架構》中已進行過論述，中國-東盟自由貿易區本身就沒有常設的固定組織機構和有力的運行機制，仍然延續著「鬆散靈活、一致性和不干涉內政」的決策方式。因此，中國-東盟自由貿易區要解決經濟一體化層面建立認可機制的問題，首先要建立起類似歐洲委員會和歐盟理事會的統一管理機構，其次需要建立區域性會計組織，並通過其促進中國和東盟各國之間的會計交流和發展。

中國-東盟自由貿易區的會計準則國際趨同也取得了令人矚目的進展，區域內各國主動合作、協調、共同影響 IFRS 的制定，其在 IFRS 制定中的地位也在提升，主要表現為：第一，中國自 2006 年起，新加坡和馬來西亞從 2012 年起，泰國從 2015 年起全面採用 IFRS，這些情況，都是對 IASB 的有力支持。第二，2011 年 7 月，IASB 成立新興經濟體工作組，成員包括二十國集團中的新興經濟體成員和馬來西亞，聯絡辦公室設在中國，由中國負責新興經濟體工作組的日常管理和聯絡工作，增強了

---

① 梁淑紅. 國際會計趨同視角下的中國-東盟會計比較研究 [M]. 北京：中國社會科學出版社，2011：255.

包括中國在內的新興市場經濟體在 IFRS 制定中的參與度，並關注新興經濟體在應用 IFRS 中存在的特殊會計問題（楊敏等，2011）。第三，中國-東盟自由貿易區國家對會計的技術研究日趨成熟，並積極向 IASB 反饋以施加影響，比如 IASB 按照中國的建議修訂了 IAS24《關聯方披露》，基本消除了與中國關聯方準則的差異，又於 2010 年發布新修訂的 IFRS1《首次採用國際財務報告準則》，允許首次公開發行的公司將在改制上市過程中確定的重估價作為「認定成本」入帳，並進行追溯調整，消除了 A+H 股報表中因企業改制資產評估產生的重大差異，這充分體現了中國和東盟各國對 IFRS 的影響（陳瑜，2012）。第四，即使面臨全球經濟衰退的大背景，中國經濟的持續快速增長仍然使得中國一躍成為世界第二大經濟體，並且隨著時間的推移，中國在國際組織中日益發揮更大作用，這為中國擴大在國際會計準則制定中的聲音和影響力提供了潛在的新機遇。中國應借鑑發達國家的經驗，積極參與會計準則國際趨同工作，建立推動趨同的長期有效機制，努力在國際財務報告準則中取得話語權，發揮影響力。在中國會計準則國際趨同的過程中，不僅要努力保持與國際準則相適應，更要主動參與，成為制定機制的有機組成部分，在準則的制定過程中積極有為，包括對徵求意見稿提出意見，在 IASB 會議上積極建言，爭取在各個層面上提高中國在 IFRS 制定中的影響力，提升中國在國際會計趨同中的地位和作用，爭取更多國家利益，為本國經濟健康持續快速發展，打下良好的會計基礎。

三、建立權威的區域會計組織，推動區域會計的合作與發展

隨著中國-東盟自由貿易區的制度建設不斷完善，僅僅依靠各國的會計團體之間的交流並不能夠有效地推動區域會計的發展，為推動區域會計的合作與發展，應建立名為「中國-東盟自

由貿易區會計準則制定機構組」的權威區域會計組織。該區域會計組織的建立不應是各國會計團體的聯盟，而應由各國在會計準則制定與會計監管上具有決定性作用的權威會計組織或會計機構來組成，這樣的組織在推動區域會計合作與發展上更具有權威性，其做出的相關區域會計決策在區域內的推動才不會流於形式，其進行的會計合作與發展活動才能更有效地促進區域經濟一體化的發展。該組織可以通過定期舉行會議討論中國-東盟自由貿易區發展中國家會計準則制定能力提升；區域內各國國際財務報告準則應用的最新進展情況；國際財務報告準則最新重大技術性議題；共同分享各國的會計準則制定經驗和國際趨同成果，進一步商討中國-東盟自由貿易區會計合作事項；向會計發展水準較低的國家提供幫助，使該部分國家有能夠獨立對 IFRS 進行評價與認可的能力；該組織可以借鑑歐盟國際會計準則雙層認可機制的做法，籌建和組織中國-東盟經濟一體化層面上的認可機制，在協調各國利益的基礎上，實現中國-東盟自由貿易區會計的國際趨同。只有在統一的區域會計組織帶領下，才能使零散的民間活動變成有計劃和有效率的區域會計活動，才能構築更大更有效的協作平臺，有助於提升中國-東盟自由貿易區在國際會計趨同進程中的影響力、推動力和話語權。[①]

四、優化區域會計環境，加強區域間的溝通與合作

雖然中國-東盟自由貿易區的建設存在著障礙，但不可否認的是，自 2002 年簽訂《中國與東盟全面經濟合作框架協議》後，雙邊貿易進一步得到發展。中國-東盟自由貿易區的商品流動性越來越高，中國與東盟的雙邊貿易份額從 1991 年的 79.6 億

---

① 梁淑紅. 國際會計趨同視角下的中國-東盟會計比較研究 [M]. 北京：中國社會科學出版社，2011：257-258.

美元升至到 2018 年 1 月—9 月的 4,352.59 億美元，雙邊貿易額占中國對外貿易額的比重也從 1991 年的 5.9%上升到 2018 年 9 月的 12.5%。中國是東盟第一大貿易夥伴，東盟是中國的第三大貿易夥伴。從資本流動看，在過去相當長一段時間主要是東盟資金流向中國。但中國對東盟的直接投資在最近幾年保持了較快的增長，截至 2018 年 5 月 31 日，中國與東盟雙向投資額累計超過 2,000 億萬美元。區域經濟合作的發展必將對區域會計的發展提出要求，而區域會計的發展也將對區域經濟合作發展起到推動的作用。

然而，會計的國際化是一項系統工程。就中國-東盟自由貿易區而言，會計環境因素是國際化進程中面臨的最大障礙。目前中國-東盟自由貿易區中部分國家市場經濟體制還不夠完善、各種要素市場有待發展、會計監管體系和運行機制尚需健全和完善、會計準則沒有得到有效執行。要加速區域內會計的國際化進程，需要努力提高區域內各國市場化與證券程度，建立有效的產權約束機制，實現對市場經濟的法制化管理，從各方面做好配套工作，多管齊下、標本兼治，逐步克服國際化進程中的各項障礙和困難。此外，隨著中國-東盟自由貿易區升級建設的不斷推進，區域經濟一體化程度不斷提升，對高素質會計人才的需求必然越來越大，中國-東盟自由貿易區應進一步發展政府間的會計教育合作，長期開展各種會計培訓，為各國之間的會計組織和高校創造更多學習和交流的機會，增強各國對會計準則的瞭解，為各國之間的會計交流和合作提供基礎。

第六章 「一帶一路」倡議與中國−東盟自由貿易區會計準則趨同和發展

　　思考中國−東盟自由貿易區會計準則趨同和發展的問題，離不開「一帶一路」倡議。自「一帶一路」倡議提出和實施以來，短短幾年間，就受到了全世界許多國家廣泛而高度的關注，更得到了沿線國家的熱烈支持和積極回應。東盟十國，都是「一帶一路」的沿線國家。中國−東盟自由貿易區的建設，已經納入「一帶一路」倡議的建設版圖。中國−東盟自由貿易區環境下會計準則的趨同和發展，必須在「一帶一路」倡議的框架、語境下予以考量和展望。

第一節　「一帶一路」倡議的概況

一、「一帶一路」倡議的由來

　　兩千多年前，亞歐大陸上勤勞勇敢的人民，探索出多條連接亞歐非的貿易和人文交流通路，後人將其統稱為「絲綢之路」；千百年來，「和平合作、開放包容、互學互鑒、互利共贏」

的絲綢之路精神薪火相傳，推進了人類文明的進步，是促進沿線各國繁榮發展的重要紐帶，是東西方交流合作的象徵，是世界各國共有的歷史文化遺產；進入 21 世紀，在以和平、發展、合作、共贏為主題的新時代，面對復甦乏力的全球經濟形勢，紛繁複雜的國際和地區局面，傳承和弘揚絲綢之路精神更顯重要和珍貴。①

2013 年 9 月和 10 月，中國國家主席習近平在出訪中亞和東南亞國家期間，先後提出共建「絲綢之路經濟帶」和「21 世紀海上絲綢之路」（以下簡稱「一帶一路」）的重大倡議，得到國際社會高度關注；中國國務院總理李克強參加 2013 年中國-東盟博覽會時強調，鋪就面向東盟的海上絲綢之路，打造帶動腹地發展的戰略支點；加快「一帶一路」建設，有利於促進沿線各國經濟繁榮與區域經濟合作，加強不同文明交流互鑒，促進世界和平發展，是一項造福世界各國人民的偉大事業；「一帶一路」建設是一項系統工程，要堅持共商、共建、共享原則，積極推進沿線國家發展戰略的相互對接；為推進實施「一帶一路」重大倡議，讓古絲綢之路煥發新的生機活力，以新的形式使亞歐非各國聯繫更加緊密，互利合作邁向新的歷史高度，2015 年 3 月國家發改委、外交部、商務部特製定並發布《推動共建絲綢之路經濟帶和 21 世紀海上絲綢之路的願景與行動》。」②

二、「一帶一路」倡議的沿線國家及線路

「一帶一路」是加強全方位交流、增進理解信任的和平友誼

---

① 國家發展改革委、外交部、商務部. 推動共建絲綢之路經濟帶和 21 世紀海上絲綢之路的願景與行動，2015 年 3 月 28 日.

② 國家發展改革委、外交部、商務部. 推動共建絲綢之路經濟帶和 21 世紀海上絲綢之路的願景與行動，2015 年 3 月 28 日.

之路;是實現共同繁榮、促進共同發展的合作共贏之路。「一帶一路」貫穿亞歐非大陸,全方位打造政治互信、經濟融合、文化包容的利益共同體、命運共同體和責任共同體。「一帶一路」沿線包括東亞的蒙古、東盟 10 國、西亞 18 國、南亞 8 國、中亞 5 國、獨聯體 7 國、中東歐 16 國,共 65 個國家,一頭是發達的歐洲經濟圈,另一頭是活躍的東亞經濟圈。絲綢之路經濟帶包括東北方向的中蒙俄經濟帶,線路為琿春–延吉–吉林–長春–蒙古國–俄羅斯–歐洲;西北方向的中國經中亞、西亞至波斯灣、地中海的新亞歐橋經濟帶,線路為新疆–哈薩克–中亞–西亞–中東歐;西南方向的中國–南亞–西亞經濟帶,線路為雲南–廣西–巴基斯坦–印度–緬甸–泰國–老撾、柬埔寨–馬來西亞–越南–新加坡。21 世紀海上絲綢之路包括從中國泉州–福州–廣州–海口–北海–河內–吉隆坡–雅加達–科倫坡–加爾各答–內羅畢–雅典–威尼斯的南線;從中國沿海港口過南海到南太平洋的東南線。「一帶一路」線路示意圖如圖 6-1 所示:

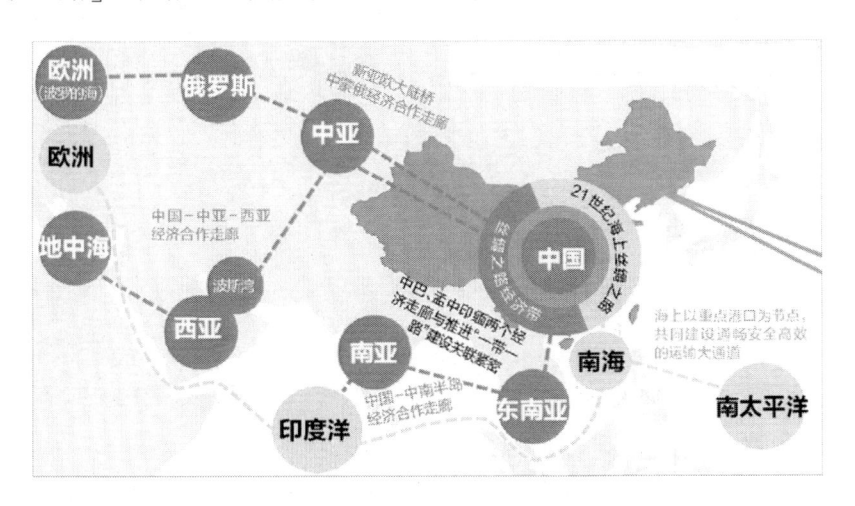

圖 6-1 「一帶一路」線路示意圖

圖片來源:http://image.baidu.com/search/一帶一路線路示意圖

第二節　中國-東盟自由貿易區在「一帶一路」中的特殊地位

一、中國-東盟自由貿易區在地域上是「一帶一路」的先遣站

自古以來，中國與東盟各國地緣相近，東盟是「海上絲綢之路」的必經之地和十字路口，是「海上絲綢之路」的重要樞紐，是21世紀海上絲綢之路的首要發展目標。「古代海上絲綢之路」從中國東南沿海，經中南半島和南海諸國，跨越印度洋，進入紅海，最終抵達東非和歐洲，是中國與外國貿易往來和文化交流的海上大通道，推動了沿線各國的共同發展。尤其是在宋元時期，中國同世界60多個國家有著直接的「海上絲路」商貿往來；明代鄭和遠航的成功，標誌著海上絲路發展到了極盛時期，後因明清海禁而衰落。2003年中國與東盟建立戰略夥伴關係，以經濟合作為重點，逐漸向政治、安全、文化等領域延拓，攜手開創「黃金十年」。2010年中國-東盟自由貿易區建成，中國成為東盟第一大貿易夥伴，東盟成為中國第三大貿易夥伴。21世紀海上絲綢之路作為重要推力和載體，將從規模和內涵上進一步提升雙方貿易關係。21世紀海上絲綢之路的戰略合作夥伴並不僅限與東盟，而是以點帶線，以線帶面，增進周邊國家和地區的交往，串起東盟、西亞、南亞、北非、歐洲等各大經濟板塊的市場鏈，帶動南海、印度洋和太平洋的戰略合作經濟帶。而絲綢之路西南方向的經濟帶，覆蓋了中國-東盟自由貿易區中的中國、馬來西亞、新加坡、泰國、越南、緬甸、老撾和柬埔寨這8個東南亞國家。東南亞是「一帶一路」最重要的核心，目前在東南亞有大約三四千萬華人華僑，這是非常大的資源，很多東南亞國家的文化和中華文化具有比較相似的

歷史和文化的背景。所以「一帶一路」覆蓋到中國-東盟自由貿易區中的多數東南亞國家，這是其中非常重要的一個環節，其本身也是一個突破。因此，中國-東盟自由貿易區因其獨特而重要的地理位置而成為「一帶一路」的關鍵樞紐。

二、中國-東盟自由貿易區在政治上是「一帶一路」的定盤星

南海問題是中國和東盟的政治互信問題。如果說各國的政治穩定性是局部和個案的，那麼南海問題對中國-東盟自由貿易區的挑戰就是全局性的，它是影響整個中國周邊安全的最主要因素。中國與東盟其他國家如能很好地解決南海問題，必將會降低「一帶一路」的順利推行所面臨的政治風險，也勢必會直接影響「一帶一路」的推進。

三、中國-東盟自由貿易區在經濟上是「一帶一路」的壓艙石

中國-東盟自由貿易區是中國建設「21世紀海上絲綢之路」中經貿與投資總量絕對不容忽視的一部分，截至2018年5月底，中國與東盟雙方投資累計超過2,000億美元。東盟10個國家作為與中國經貿往來最為頻繁、發展程度較高、華僑華人數量最多、改善基礎設施需求巨大的區域合作夥伴，在「一帶一路」海上絲綢之路建設上發揮著互聯互通的重要作用。「21世紀海上絲綢之路」的重要措施是設立中國-東盟海上合作基金，並將中國籌集的30億元人民幣用於支持海洋經濟、海上環保和科研、海上互聯互通等領域。首先，大力發展海洋經濟是海上絲綢之路建設的基本要求。中國和東盟大多數成員國在開發海洋資源方面有著良好的合作基礎。未來雙方將以形成海洋經濟的供應鏈、產業鏈與價值鏈為重點目標。其次，加快落實泛北部灣經濟合作是海上絲綢之路建設的重要方式。中國與東盟未來將充分利用中國-東盟海上合作基金，以產業合作為紐帶，加快

港口物流、金融創新、跨境旅遊、海洋資源和人文等領域的務實合作。在「一帶一路」倡議指引下，中國-東盟自由貿易區將成為「一帶一路」經濟上最堅實的基石。

四、中國-東盟自由貿易區在建設內容上與「一帶一路」一以貫之

共建「21世紀海上絲綢之路」的核心內容是政策溝通、道路聯通、貿易暢通、貨幣流通、民心相通（簡稱「五通」）。這些都與中國-東盟自由貿易區的定位、功能和作用緊密相關，它也涵蓋了中國-東盟自由貿易區的政治外交、貿易、投資、基礎設施、服務以及人文等內容和功能。中國-東盟自由貿易區建設的內容和形式與「一帶一路」建設的需要完全吻合。中國-東盟自由貿易區將在原來取得的成就的基礎上，按照「一帶一路」建設的要求，對其建設的形式和內容進行全面整合，更好地為「一帶一路」建設服務。

第三節 「一帶一路」對中國-東盟自由貿易區的意義

一、「一帶一路」倡議為中國-東盟自由貿易區搭建了更好的平臺

在已取得輝煌成績的基礎上，「一帶一路」倡議為中國-東盟經貿合作搭建了更好的平臺，即打造「中國-東盟自由貿易區升級版」。「一帶一路」建設涉及多方面的合作內容，相互之間聯繫緊密，相互促進。「一帶一路」將中國-東盟自由貿易區簡單的雙邊貨物貿易關係轉變為商品、服務與投資貿易互補的綜合合作關係，推動經貿合作由簡單商品貿易向更高級的相互投

資轉變，形成貿易與投資良性互動、各領域合作齊頭並進，推動互聯互通、金融合作、海上合作、人文交流等全方位的合作。根據共建「21世紀海上絲綢之路」的要求，優化組合各種服務功能，提供更配套的綜合服務，推動「海上絲綢之路」沿線國家基礎設施更加完善，參與貿易投資的自由化、便利化水準進一步提高。同時，中國也在積極參與由東盟牽頭的區域全面經濟夥伴關係（RCEP）談判。「一帶一路」倡議有助於RCEP談判的順利進行，RCEP若能順利建成，它將成為世界上經濟規模最大、貿易總量最大、市場最大和人口最多的自由貿易區。

二、「一帶一路」倡議進一步推動中國–東盟自由貿易區陸海對接

在「一帶一路」倡議的背景下，中國與東盟的貿易合作也在不斷深化。一方面，東盟經濟的快速發展為中國企業實施「走出去」戰略提供了良好的機遇；另一方面，中國企業對東盟投資的增加又在極大程度上緩解了東盟經濟發展對於資金需求的壓力，加強東南亞各國與中國之間海陸空的連結，順利地開啟對方的龐大市場，互惠互利，推動了東盟貿易、服務等方面建設，從而促進了東盟整體經濟的發展。東盟國家大都臨海，中國和東盟之間的貿易，有95%都從海上走，這是因為海運比較便宜，路線也很健全。在陸海對接上，「一帶一路」有著先天的優勢。如中國、中南半島等國際經濟走廊建設都離不開沿海港口，港口建設離不開陸上交通和道路建設。目前，中國–東盟港口城市合作論壇已初步建立合作機制；中國還成功舉辦了亞太經合組織海洋部長會議，與哈薩克斯坦、柬埔寨、緬甸、斯里蘭卡、印尼、巴基斯坦、希臘等國就物流中轉基地和港口建設等問題達成共識。因此，可以通過建設東盟通暢的陸海運輸大通道，實現「一帶一路」陸上和海上經濟要素的自由流通。

三、「一帶一路」倡議促進中國−東盟自由貿易區貿易結構的優化升級

中國−東盟貿易由傳統的產業間貿易向產業內貿易發展，在中國−東盟進出口前10位的產品中，第一大類產品是機電產品，有6種產品為同一類型產品，占總額的80%以上。這主要是由於中國與東盟各國資源要素稟賦、經濟結構及所處經濟發展階段相似，雙邊間供給與需求結構也具有很大的相似性，各自出口的產品相互替代性很大。經濟一體化的程度、國際直接投資的增加都會促進產業內貿易的發展，實現產業結構調整和升級，優化產業結構。「一帶一路」倡議的提出，加大了中國對東盟的直接投資，間接促進了產業結構的調整與升級。

第四節　「一帶一路」視閾下中國−東盟自由貿易區會計準則趨同和發展的展望

人類的進步包括以全球化為代表的橫向發展和以技術進步為特徵的縱向發展，這兩種發展伴隨著人類社會的歷史。「一帶一路」是中國政府倡導的新型全球化，代表著新的商業機會，也將帶來巨大的會計行業發展機會。相應的，會計作為一種通用商業語言，和經濟發展互為需求、互動發展、共同演進，通過會計趨同減少經濟體的信息不對稱，會帶來經濟資源配置效率的提高。

一、「一帶一路」帶給會計行業發展巨大潛力

「一帶一路」貫穿亞、歐、非三個大陸，包括中亞、東盟、南亞、中東歐、西亞、獨聯體等65個國家，沿線大多是新興經

濟體和發展中國家，大部分國家處於工業化初期和中期，與中國的產業互補性強。《推動共建絲綢之路經濟帶和21世紀海上絲綢之路的願景與行動》提出了政策溝通、設施聯通、貿易暢通、資金融通、民心相通（簡稱「五通」）的合作重點，其中標準和信息的有效溝通必不可少，高質量的會計服務是重要的方面。據國際市場研究和數據分析公司的報告，全球會計行業包括鑒證業務、預算管理、稅務服務、帳務管理等服務的總收入在2005年就超過2,000億美元，而且以5%左右的速度不斷增長。「一帶一路」沿線國家占經濟總量的三分之一，因此初步匡算就有700多億的行業收入潛力。同時，中國-東盟自由貿易區區域內跨國的法律服務、會計信息服務、稅務服務、審計服務、諮詢服務，尤其是涉及人民幣業務的服務，對於中國會計行業是巨大的機會。與中國逐步實現和國際財務報告準則趨同不同，我們在這些地區的潛力很大，可以更多地發揮主導作用，服務「五通」，也能夠更好地服務中國企業走出去。當然，也有可能基於「一帶一路」機遇產生有國際影響的會計和仲介服務機構。

二、「一帶一路」帶給會計準則趨同和行業發展巨大挑戰

中國-東盟自由貿易區是區域經濟一體化的結果，它只涉及區域內11個國家的協調和發展問題，而「一帶一路」是新型的共建、共贏、共享的國際化合作倡議，它橫跨三大洲65個國家、涉及多種文化，涉及漢語、英語、俄語、蒙古語、阿拉伯語、馬其頓語、波蘭語等50多種官方語言、10多種會計制度。會計準則是沿線國家會計信息相通和行業協調發展的核心，是多方利益協調和博弈的結果。沿線國家中43個經濟體已經完全採用或者採用趨同的國際財務報告準則；8個經濟體正在討論或是剛開始會計準則趨同進程；13個國家分別採用各國制定的會計準則。制定準則機構則包括政府機構（如財政部）、半官方機

構、民間組織（如會計協會）等。實現這些地區會計準則和會計行業協調發展的挑戰也是前所未有的，面對差異甚至利益衝突，弱化多方差異對會計信息可比性和透明度的不利影響，實現會計語言相通極具挑戰性，需要各方積極參與，我們首先應在著力於實現中國-東盟自由貿易區區域內會計準則趨同的基礎上，再實現「一帶一路」沿線國家的會計準則的協調和發展，這是世界會計歷史上最大的會計信息工程和人才工程之一，可以說是在建立一個覆蓋歐、亞、非的商業信息網。

三、中國-東盟自由貿易區為「一帶一路」會計準則的趨同提供借鑑經驗

「一帶一路」之南線從泉州出發，途徑福州、廣州、海口、北海、河內、吉隆坡、雅加達、科倫坡、加爾各答、內羅畢、雅典，最終到義大利的威尼斯，也涉及中國-東盟自由貿易區中的中國、越南、馬來西亞、印尼和印度等國家。因此，中國-東盟自由貿易區應搶先佈局，依據區域內的政治、經濟、法律和文化環境，從上市公司入手，強制性要求在區域內上市的所有公司，應積極採用 IAS/IFRS 標準編製財務報告。為了協調區域內有關使用 IAS/IFRS 的利益團體意見，研究採用國際財務報告準則的相關問題，應成立獨立的區域會計組織，積極發揮區域會計組織的作用，為各國採用 IAS/IFRS 提供諮詢，對 IAS/IFRS 進行廣泛宣傳推廣，為「一帶一路」會計準則的趨同提供借鑑經驗。

四、中國應抓住「一帶一路」機遇，推動會計國際化發展

中國-東盟自由貿易區是世界上三大區域經濟合作區之一，是由發展中國家組成的最大的自由貿易區。而中國應當承擔起區域內大國的責任，積極發揮中國在區域中的主導地位。「一帶

一路」為中國各個行業提供了國際舞臺，而各行業的發展都離不開高素質的會計從業人員和高質量的會計服務。2005 年 11 月，中國會計準則委員會（CASC）與國際會計準則理事會（IASB）簽署了聯合聲明，確認了中國會計準則（CAS）和國際財務報告準則（IFRS）實現了實質性趨同。而今中國會計國際化重點應該是爭取更多國際會計準則的制定權和話語權，承擔大國義務，推進「一帶一路」的會計準則國際化協調和發展。

（一）加強「一帶一路」沿線國家會計準則的研究，推動會計準則的協調和趨同

「一帶一路」沿線國家地緣上與中國較近，多數為發展中國家，中國會計準則在某些情況下更加適用。我們一方面可以借鑑周邊各國的經驗，完善中國會計準則體系；另一方面也將中國具有鮮明特色的會計行業經驗輻射到周邊各國，增強中國會計準則的國際影響力。由於會計準則是公共品，受益者是所有參與者，在投入方面中國需要積極承擔國際責任。建議整合國際財務報告準則委員會、國際會計師聯合會、各國會計師協會等國際資源，以及亞投行、絲路基金等國內資源，由中國會計學會建立「一帶一路」財務報告諮詢小組。集合各國會計主管部門領導和專家學者，研究會計準則協調的目標、概念體系和實現路徑，推動實現會計準則趨同和一致。爭取率先在沿線部分國家的上市公司中推行國際財務報告準則，然後擴展到非上市公司，最終實現會計信息一致和可比。

（二）推進「一帶一路」會計人才的培養，完善「一帶一路」沿線國家會計教育體系

中國是世界第二大高等教育大國，相較「一帶一路」沿線各國而言，中國的財會教育資源更加豐富。在這一倡議的實施中，中國應承擔起大國國際義務，在「一帶一路」沿線國家會計教育中扮演重要角色。首先，為了協調各國會計人才培養，

可以參照國際會計師聯合會的經驗，成立「一帶一路」國際會計教育準則諮詢小組，協調各國的會計教育體系，力爭實現會計從業人員在沿線國家的移動。其次，充分調動國內高校會計教育資源，針對「一帶一路」沿線國家招收留學生，培養適應「一帶一路」倡議發展需求的高端複合型會計人才。再次，由國家會計學院牽頭主辦相關培訓班，招收「一帶一路」沿線國家的會計領軍人才，尤其是沿線國家會計主管部門領軍人才，以及和中國有貿易和投資合作的企業會計人才，實現和已有的本土各類會計領軍人才進行良性互動。最後，在高校開設「一帶一路」會計人才培訓班，定向招攬有志投身「一帶一路」建設的青年，尤其是小語種人才，進行法律、會計、稅務等培養，並重點安排學生到「一帶一路」沿線國家實習和就業，大幅度提高具有跨國工作能力的會計人員數量和國際從業水準。

(三) 建設「一帶一路」財經綜合信息網路平臺

利用會計信息具有綜合性、覆蓋面廣的優勢，積極倡導和建設涉及法律、稅務、會計、審計、政策研究、產業研究、商務對接、經典案例等綜合信息的網路平臺，加深對「一帶一路」各國的經濟、金融和貿易的瞭解。

結語

「世界潮流，浩浩蕩蕩；順之則昌，逆之則亡。」（孫中山先生語）加強世界各國經貿合作，促進各國經濟繁榮，走向全球經濟一體化，是世界歷史及當今時代發展的大趨勢。這是一項有利於世界和平發展，有利於造福世界各國人民的偉大事業，任何國家或地區都應當在這個趨勢下有所作為，發揮積極的作用。

區域經濟一體化是經濟全球化的重要建設力量和符合邏輯的必經階段。遵循統一規範的會計準則有利於區域經濟一體化和全球經濟一體化的發展趨向，也是區域經濟一體化及全球經濟一體化的前提和基礎。中國－東盟自由貿易區是中國與周邊國家構建的第一個也是目前最大的自由貿易區，在推動世界各國走向經濟全球化的過程中擔負著引領和示範作用。中國－東盟自由貿易區環境下會計準則趨同問題的解決，則起著類似的重要作用。

由於歷史文化土壤、現行政治法律制度、經濟規模和社會發展水準等方面因素的影響，中國與東盟各國的會計準則還存在很多差異。中國與東盟諸國自古以來就是好鄰居、好夥伴。在中國－東盟自由貿易區建設進程中，中國與東盟各國間的交往合作都不斷擴大和深化，已成為睦鄰友好、互利合作的典範；中國－東盟作為真正的命運共同體，其雛形已基本呈現，輪廓逐

步清晰化。這些重大成就的取得，使中國和東盟之間會計準則趨同問題的解決變得更為急迫，又為之提供了有利的條件，夯實了基礎。

「一帶一路」倡議的實施，為中國-東盟自由貿易區的建設及會計準則的趨同發展，提供了契機。中國-東盟自由貿易區是「一帶一路」的關鍵樞紐，是前哨和先行者，具有開局意義和示範作用。只要我們敢於迎接挑戰，深入挖掘潛力，充分利用「一帶一路」倡議搭建的平臺，進一步推動中國-東盟自由貿易區陸海對接，促進中國-東盟自由貿易區貿易結構的優化升級。中國-東盟自由貿易區會計準則趨同與發展問題，一定會受到更廣泛的關注，並得以圓滿地解決。而這一問題的解決，反過來又會更好地促進中國-東盟自由貿易區的升級建設，更好地服務於「一帶一路」倡議。全球經濟一體化，各國人民和平共處、共同發展、共同繁榮，是全世界各國各民族人民的共同心聲和願望。這是我們進行「中國-東盟自由貿易區環境下會計準則趨同與發展研究」這項具體而實際的工作時，一直抱有的堅定信心，也是我們對未來前景的美好展望！

參考文獻

一、專著或國際、國家標準

[1] 程信和. 中國-東盟自由貿易區法律模式研究 [M]. 北京：人民法院出版社，2006.

[2] 池昭梅. 中馬企業會計準則比較研究 [M]. 成都：西南財經大學出版社，2011.

[3] 郭道揚. 中國會計史稿（上冊） [M]. 北京：中國財政經濟出版社，1982.

[4] 李家瑗. 中國-越南會計比較 [M]. 北京：中國財政經濟出版社，2008.

[5] 李榮林. 中國與東盟自由貿易區研究 [M]. 天津：天津大學出版社，2015.

[6] 李玉環. 國際財務報告準則導讀 [M]. 北京：中國財政經濟出版社，2016.

[7] 梁淑紅. 國際會計趨同視角下的中國-東盟會計比較研究 [M]. 北京：中國社會科學出版社，2011.

[8] 林明華. 越南社會文化與投資環境 [M]. 廣州：世界圖書出版公司，2014.

[9] 林秀梅. 泰國社會文化與投資環境 [M]. 廣州：世界圖書出版公司，2014.

[10] 麻昌港. 中國-東盟雙邊關係和貿易一體化研究 [M]. 北京：經濟管理出版社，2016.

[11] 企業會計準則編審委員會. 企業會計準則案例講解 [M]. 上海：立信會計出版社，2016.

[12] 企業會計準則編審委員會. 企業會計準則第 39 號——公允價值計量講解 [M]. 上海：立信會計出版社，2015.

[13] 企業會計準則編審委員會. 企業會計準則應用指南 [M]. 上海：立信會計出版社，2015.

[14] 曲曉輝. 中國會計準則的國際趨同效果研究 [M]. 上海：立信會計出版社，2011.

[15] 汪祥耀，駱銘民，等. 中國新會計準則與國際財務報告準則比較 [M]. 上海：立信會計出版社，2006.

[16] 王建新. 國際財務報告準則簡介及與中國會計準則比較 [M]. 北京：人民出版社，2008.

[17] 王金波. 「一帶一路」建設與東盟地區的自由貿易區安排 [M]. 北京：社會科學文獻出版社，2015.

[18] 小企業會計準則編審委員會. 小企業會計準則講解 [M]. 上海：立信會計出版社，2016.

[19] 許太誼. 最新企業會計準則及相關法規應用指南 [M]. 北京：中國市場出版社，2015.

[20] 楊時展. 1949—1992 中國會計制度的演變 [M]. 北京：中國財政經濟出版社，1998.

[21] 越南部長理事會. 國家會計組織條例. 文號 25/H·BT，1989-03-18.

[22] 越南財政部. 關於頒布企業會計制度的決定. 文號 15/2006/Q-BTC，2006-03-20.

[23] 越南財政部. 關於會計軟件標準及條件的引導通知. 文號 103/2005/TT-BTC，2005-11-24.

[24] 越南財政部. 越南會計準則 [S]. 第一批到第五批, 2001—2006.

[25] 越南國會. 會計法 [S]. 文號 03/2003/QH11, 2003-06-17.

[26] 張國華. 中國會計準則國際趨同度量研究 [M]. 哈爾濱：黑龍江大學出版社, 2012.

[27] 趙仁平. 中國-東盟自由貿易區財政制度協調研究 [M]. 北京：經濟科學出版社, 2010.

[28] 中華人民共和國財政部. 企業會計準則 [M]. 上海：立信會計出版社, 2015.

[29] 中國銀行股份有限公司.「一路一帶」國別文化手冊（泰國）[M]. 北京：社會科學文獻出版社, 2016.

[30] 中國銀行股份有限公司.「一路一帶」國別文化手冊（越南）[M]. 北京：社會科學文獻出版社, 2016.

二、譯著

[1] 裴仁斯, 弗拜爾, 蓋森. 國際財務報告準則——闡釋與運用 [M]. 上海：上海財經大學出版社, 2013.

[2] 中國會計準則委員會. 國際財務報告準則（A部分）[M]. 北京：中國財政經濟出版社, 2016.

[3] 中國會計準則委員會. 國際財務報告準則（B部分）[M]. 北京：中國財政經濟出版社, 2016.

三、期刊論文

[1] 包易平. 會計趨同背景下中國-東盟會計異同淺析 [J]. 合作經濟與科技, 2014, (10): 150-152.

[2] 蔡曉穎. 新加坡會計的近期發展及對中國的啟示 [J]. 山東工商學院學報, 2005, (06): 85-89.

［3］陳紅,謝華,唐滔智.中國-東盟會計準則質量評價及其協調研究［J］.雲南財經大學學報,2010,（02）：101-106.

［4］陳玉東,蔣志清.中國會計準則與國際財務報告準則差異的探討［J］.財會學習,2016,（13）：79-80.

［5］成政,丁吉晶.中新兩國會計國際化比較［J］.國際商務財會,2007,（06）：33-34.

［6］池昭梅,李莎.中越中期財務報告準則比較評析［J］.廣西財經學院學報,2011,（02）：19.

［7］池昭梅.中馬財務報表列報準則比較［J］.財會月刊,2009,（03）：89-92.

［8］池昭梅.中馬財務會計概念框架比較研究［J］.財會通訊,2010,（03）：24-26.

［9］池昭梅.中馬會計國際化歷程比較評析［J］.廣西財經學院學報,2010,（06）：11-14.

［10］仇瑾.各國會計準則國際趨同進程對中國的啟示［J］.金融會計,2010,（09）：19-23.

［11］崔佳.財務會計報告現狀及對策探討［J］.經營管理者,2013,（20）：66.

［12］丁璐.REA會計模式促進會計報告變革的思考［J］.會計之友,2010,（10）：54-55.

［13］杜德春.會計環境變化中財務會計報告的發展趨勢［J］.商業經濟研究,2007,（15）：84-85.

［14］馮淑萍.中國對於國際會計協調的基本態度與所面臨的問題［J］.會計研究,2004,（01）：3-8.

［15］蓋地.論會計確認［J］.會計之友,2012,（01）：41-44.

［16］葛家澍,竇家春.基於公允價值的會計計量問題研究［J］.廈門大學學報,2009,（3）：27-33.

[17] 葛家澍，徐躍. 會計計量屬性的探討——市場價格，歷史成本，現行成本與公允價值［J］. 會計研究，2006，(09)：7-14.

[18] 葛家澍. 會計・信息・文化［J］. 會計研究，2012，(08)：3-7.

[19] 貫徹創新、協調、綠色、開放、共享的發展理念 服務「一帶一路」建設推動會計改革與發展［J］. 會計研究，2016，(01)：5-18.

[20] 韓彥峰，樊風. 歐盟會計協調對中國會計國際化的啟示［J］. 財會通訊・綜合，2010，(06)：15-18.

[21] 何曾. 東盟國家經濟一體化與會計信息質量研究［J］. 金融會計，2014，(03)：63-67.

[22] 洪彥. 新加坡信息披露和會計準則的發展［J］. 四川會計，2003，(04)：51-52.

[23] 黃曉珍，張帆.「亞洲四小龍」會計準則制定機構的發展變化［J］. 中國商界，2009，(08)：142.

[24] 黃月紅. 中外財務報告比較與啟示［J］. 現代商貿工業，2015，(09)：81-82.

[25] 賈緯璇. 淺談新加坡會計準則及其對中國的啟示［J］. 會計之友，2008，(04)：95-96.

[26] 蔣峻松，盧漪. 中國-東盟會計區域協調與會計準則國際趨同［J］. 國際商務財會，2009，(02)：40-43.

[27] 蔣琳玲，黃秋培，等. 中國與越南會計準則的比較及趨同探析［J］. 商業會計，2012，(07)：26-27.

[28] 孔曉春. 中馬企業會計準則體系比較［J］. 財會通訊，2011，(11)：145-146.

[29] 賴滿瑢.「一帶一路」與自貿區戰略對接研究［J］. 中國集體經濟，2015，(33)：33-34.

[30] 李付學, 佘曉燕. 越南會計準則國際趨同進程及完善 [J]. 東南亞縱橫, 2009, (08): 16-19.

[31] 李紅曼. 會計計量屬性發展史 [J]. 經濟研究導刊, 2015, (20): 258-260.

[32] 李家瑗. 新準則確認計量的變化及其對企業的影響 [J]. 會計之友, 2007, (6): 4-6.

[33] 李佼佼, 陳衛萍. 新加坡會計準則制定模式及其啟示 [J]. 財會月刊, 2008, (10): 74-75.

[34] 李文霞. 中外會計報告比較及啟示 [J]. 現代商業, 2011, (14): 219-220.

[35] 梁少春. 中國會計準則與國際財務報告準則的比較研究 [J]. 新經濟, 2016, (08): 82.

[36] 梁淑紅. 越南會計改革之路 [J]. 廣西大學學報, 2005, (06): 34-37.

[37] 梁淑紅. 中國-東盟各國會計完全趨同探析 [J]. 會計之友, 2012, (02): 124-126.

[38] 梁淑紅. 中國-東盟自由貿易區的會計發展及展望 [J]. 會計之友, 2008, (03): 23-25.

[39] 林靜敏. 新加坡會計發展及啟示 [J]. 財會通訊, 2007, (06): 97-98.

[40] 林玉. 淺談財務會計報告的發展趨勢 [J]. 新經濟, 2016, (08): 84-85.

[41] 劉開瑞. 國外會計文化研究現狀 [J]. 會計之友, 2009, (35): 73-75.

[42] 劉莉. 企業會計準則國際趨同的「中國特色」 [J]. 商業經濟, 2009, (01): 52-53.

[43] 劉秋根, 張建朋. 明清時代工商企業的資產負債表——以《萬曆程氏染店查算帳簿》為中心 [J]. 河北大學學報

(哲學社會科學版), 2010, (01): 1-7.

[44] 陸建英, 劉衛. 中泰會計準則制定模式之比較 [J]. 會計之友, 2011, (02): 121-123.

[45] 劉新, 楊一. 中國與新加坡會計制度及核算對比研究 [J]. 金山, 2012, (03): 106-107.

[46] 潘愛玲, 李彬林等. 文化對會計的影響: 文獻述評及未來研究展望 [J]. 會計研究, 2012, (04): 20-27.

[47] 曲曉輝, 陳瑜. 會計準則國際發展的利益關係分析 [J]. 會計研究, 2003, (01): 45-51.

[48] 任麗蓉. 中外會計報告差異影響因素與啟示研究 [J]. 企業改革與管理, 2016, (06): 141, 144.

[49] 石峰. 財務會計報告中應特別關注的若干項目分析 [J]. 會計之友, 2010, (03): 32-33.

[50] 時廣寧. 國際會計準則與中國會計準則的差異性分析 [J]. 商場現代化, 2016, (07): 164-165.

[51] 孫文彪. 財務會計報告發展趨勢之我見 [J]. 會計之友, 2009, (10): 13-16.

[52] 孫曉斌. 新會計準則下會計計量模式的選擇 [J]. 商業時代, 2007, (5): 8-81.

[53] 孫玉甫. 財務會計報告只能提供共同性需求信息嗎——來自會計信息需求調查的證據 [J]. 會計之友, 2009, (27): 18-23.

[54] 田蒙蒙. 基於會計史變遷下的會計計量屬性演進 [J]. 江蘇商論, 2016, (11): 62-64.

[55] 汪祥耀. 會計準則制定模式的國際比較與借鑑 [J]. 財貿研究, 2001, (04): 37-41.

[56] 王延峰. 財務會計計量模式的必然選擇: 雙重計量 [J]. 山西農經, 2016, (02): 86.

[57] 尉然. 論資產屬性與會計計量模式的選擇 [J]. 天津財會, 2010, (1): 9-12.

[58] 吳革. 國際財務報告準則趨同的現實困境與未來展望 [J]. 會計之友, 2014, (07): 4-11.

[59] 吳志娟. 越南會計準則的國際化進程及展望 [J]. 廣西財經學院學報, 2008, (06): 83-86.

[60] 許家林, 王昌銳. 論中國會計準則體系建設過程中的國際協調問題 [J]. 湖北民族學院學報, 2005, (03): 149-156.

[61] 薛娟. 從新加坡會計準則談中國會計準則的國際協調 [J]. 價值工程, 2016, (01): 122-125.

[62] 陽春暉. 中馬會計準則制定模式比較 [J]. 財會通訊, 2011, (09): 141-142.

[63] 楊敏, 李玉環等. 公允價值計量在新興經濟體中的應用: 問題與對策 [J]. 會計研究, 2012, (01): 4-9.

[64] 尹麗娜, 張曉東. 中外會計報告比較及啟示 [J]. 中外企業家, 2013, (4): 92-93.

[65] 油新華, 高環成. 公允價值會計計量屬性的應用及其優化 [J]. 經營與管理, 2015, (05): 55-56.

[66] 張臻, 林天維. 中國與越南財務會計概念框架比較 [J]. 東南亞縱橫, 2013, (06): 45-48.

[67] 趙豔麗, 楊光. 財務報告的國際比較與借鑑分析 [J]. 現代商貿工業, 2010, (07): 184-185.

[68] 朱錦餘. 泰國會計簡介 [J]. 廣西會計, 1999, (10): 57-58.

四、學位論文

[1] 馮洪全. 會計的歷史與未來 [D]. 成都: 西南財經大

學，1999.

［2］況培穎. 實質重於形式的運用研究［D］. 長沙：湖南大學碩士學位論文，2008.

［3］羅志忠. 中國與新加坡會計準則比較研究［D］. 上海：上海交通大學，2002.

［4］伍豔. 公允價值會計時代的現金流動制基礎研究［D］. 長沙：湖南大學碩士學位論文，2008.

［5］張雲. 中國會計文化研究［D］. 天津：天津財經大學，2007.

五、電子文獻

［1］深圳會計. 中外會計計量模式比較［EB/OL］.（2011-12-09）［2018-7-20］. http://www.jlbaoda.cn/zhishi/2011129/zs1620.html.

［2］楊印山. 會計計量模式的現實選擇［EB/OL］.（2018-8-23）［2018-6-30］. http://www.chinaacc.com/new/287_288_201008/23qi1900451795.shtml

國家圖書館出版品預行編目（CIP）資料

中國：東盟自由貿易區環境下會計準則趨同與發展研究 / 劉衛 著.
-- 第一版. -- 臺北市：財經錢線文化，2020.05
　　面；　　公分
POD版

ISBN 978-957-680-394-9(平裝)

1.會計制度 2.東南亞 3.中國

495　　　109005341

書　　名：中國：東盟自由貿易區環境下會計準則趨同與發展研究
作　　者：劉衛 著
發 行 人：黃振庭
出 版 者：財經錢線文化事業有限公司
發 行 者：財經錢線文化事業有限公司
E - m a i l：sonbookservice@gmail.com
粉 絲 頁：　　　　　　　　網　址：
地　　址：台北市中正區重慶南路一段六十一號八樓 815 室
8F.-815, No.61, Sec. 1, Chongqing S. Rd., Zhongzheng Dist., Taipei City 100, Taiwan (R.O.C.)
電　　話：(02)2370-3310　傳　真：(02) 2388-1990
總 經 銷：紅螞蟻圖書有限公司
地　　址：台北市內湖區舊宗路二段 121 巷 19 號
電　　話:02-2795-3656 傳真:02-2795-4100　網址：
印　　刷：京峯彩色印刷有限公司（京峰數位）

本書版權為西南財經大學出版社所有授權崧博出版事業股份有限公司獨家發行電子書及繁體書繁體字版。若有其他相關權利及授權需求請與本公司聯繫。

定　價：380 元
發行日期：2020 年 05 月第一版
◎ 本書以 POD 印製發行